index Logo

Inspiration für die
Logo-Entwicklung

Hintergrundwissen
für die Praxis

CLAUDIA LEU

Bibliografische Information Der Deutschen Bibliothek
Die Deutsche Bibliothek verzeichnet diese Publikation in der
Deutschen Nationalbibliografie; detaillierte bibliografische Daten sind
im Internet über *http://dnb.ddb.de* abrufbar.

ISBN 3-8266-1507-7
1. Auflage 2005

Printed in Germany

© Copyright 2005 by mitp-Verlag/Bonn, ein Geschäftsbereich der
verlag moderne industrie Buch AG & Co. KG/Landsberg

Lektorat: Sabine Müthing
Korrektorat: Frauke Wilkens
Satz und Layout: Claudia Leu
Druck: Media-Print, Paderborn

Für Helen und Michael

Danke für Eure Ermutigung und Unterstützung!

Über die Autorin
Claudia Leu hat an der Köln International School of Design (KISD) studiert, seit 1999 ist sie diplomierte Designerin. Sie ist selbstständig als Grafikerin, Illustratorin und Übersetzerin von Fachbüchern tätig. Claudia Leu lebt und arbeitet in Köln.

VORWORT DER AUTORIN

Ein Logo ist im besten Fall ansprechend, schnell erfassbar, inhaltlich angemessen – und bleibt in Erinnerung. Zugleich muss es in allen Medien technisch problemlos reproduzierbar sein.
Kurz: Ein Logo ist eine gestalterische Herausforderung!

Index Logo umfasst rund 150 Logos der Gegenwart, eine abwechslungsreiche Auswahl, die nicht als Hitliste verstanden werden will. 17 Kapitel zeigen verschiedene Gestaltungskriterien auf und beleuchten die Arbeit des Designers. Dabei spielt es keine Rolle, ob es sich um ein etabliertes Markenzeichen handelt oder um das brandneue Logo eines Jungunternehmers – sie können gleichermaßen inspirieren. Unter welchem Gesichtspunkt die Logos jeweils zusammengefasst sind, erfahren Sie zu Beginn jedes Kapitels.

Ich habe mich bemüht, zu jedem Logo Informationen jenseits der geläufigen Fakten zu liefern. Teils sind dies weniger bekannte Informationen zur Entstehung oder der Versuch einer Analyse:
Welche prinzipielle Idee steht hinter dem Logo?

Neben den erwähnten Kapiteln finden Sie in **Index Logo Fokus**-Seiten, die sich jeweils auf ein Thema konzentrieren: Technische Tipps und praktische Vorgehensweisen finden sich in **Fokus Praxis**, theoretische Hintergründe, die als Ideengeber und Leitfaden beim Entwurf eines Logos dienen können, sind in **Fokus**

Theorie untergebracht. **Fokus Historie** bietet wissenswerte geschichtliche Fakten, Stoff für Kundengespräche und mögliche Grundlagen für neue Entwürfe. Im **Fokus Zeitgeist** gibt es aktuelle Themen, unter anderem verraten hier Designer und Branchenkenner ihr Lieblingslogo und die *Dos and Don'ts* der Logogestaltung.

Index Logo ist non-linear aufgebaut: Sie können nach Belieben blättern, querlesen und Seitenverweisen folgen.

Viele Firmen konnten aufgrund ihres langen Bestehens den ursprünglichen Designer ihres Logos nicht mehr ermitteln. Daher nenne ich als Gestalter häufig die für das aktuelle Re-Design zuständige Agentur oder ich musste ganz auf diese Angabe verzichten.

Mein Dank gilt allen Personen und Unternehmen, die ihre Logos für diese Pubikation zur Verfügung gestellt haben: Ohne sie wäre das Buch nicht möglich gewesen!

Ich hoffe, Ihnen mit meinem Buch neue Ansätze zur Logogestaltung und -betrachtung geben zu können.

Viel Vergnügen und viele gute Ideen,

Claudia L.

INHALT

INHALT

FIGUREN UND GESICHTER

Menschen neigen dazu, in Gegenständen und unbekannten Strukturen nach vertrauten Mustern zu suchen. Der Blick sucht automatisch und von uns unbemerkt ständig nach Formen und Zusammenhängen, das Gehirn vergleicht diese mit den bekannten Mustern und versucht unbekannte Formen zu kategorisieren. Durch die frühkindliche Konditionierung ist das menschliche Gesicht mit das erste und wichtigste Muster, das ein Mensch erkennen lernt. Daher neigt man häufig dazu, Gesichter in Mustern und Oberflächen zu erkennen und damit gleichzeitig die zugehörigen Dinge zu personifizieren. Der Mann im Mond ist dafür ein klassisches Beispiel. Aber auch in Produkten findet sich dieses Phänomen – ein Auto hat „Augen", eine Uhr lächelt um zehn vor zwei und guckt traurig um zwanzig nach acht.
In Logos werden Figuren und Gesichter auf ganz unterschiedliche Weise eingesetzt. Es gibt rein figürliche Umsetzungen von grafisch reduzierten Illustrationen bis hin zu Identifikationsfiguren mit Comiccharakter. Aber es gibt auch typografische Varianten, deren Buchstabenform und -kombination ein Gesicht zu formen scheinen. Hier wird die menschliche Suche nach vertrauten Mustern geschickt ausgenutzt.

Die Brüder Michelin bauten 1895 das erste mit Luft-
reifen ausgestattete Auto, bis dahin holperten Automobile noch mit Vollgummireifen über das Pflaster.
Bibendum ist seit 1898 Identifikationsfigur der Firma
Michelin – ein Männchen, das im wörtlichen Sinne ihr
Produkt verkörpert: Es besteht ganz aus Reifen! Anfangs
waren es vierzig, inzwischen ist Bibendum auf schlanke
25 Reifen abgespeckt worden. Der Name stammt aus dem
Trinkspruch „Nunc est bibendum" („Lasst uns anstoßen"),
der Teil des ersten Werbeplakats mit dem Michelin-Mann
war. Es zeigte einen Reifenmann, der einen Pokal mit
Nägeln und Scherben schluckt. Der Untertitel lautete:
„Auf Ihr Wohl, Michelin verschluckt alle Hindernisse."
Seit 1997 ist Bibendum auch Bestandteil des Firmenlogos.

Michelin
Compagnie Générale des Etablissements Michelin
Design: Carré Noir, 1997

Das Logo von LG Electronics arbeitet nur mit Buchstaben und Satzzeichen, doch das Gesicht darin
ist sofort erkennbar: Das „L" bildet die Nase, der
Punkt ein Auge, das „G" die Gesichtsform.

 **LG Electronics**
Design: Cathy-Ann Martine, 1992

Die Buchstaben des Firmennamens verschmelzen hier
zu einem einfachen Strichgesicht. Die ergänzende
Wortmarke ist fast gar nicht nötig: Dieses Lächeln
ist immer noch als TUI lesbar und dabei so einfach
gestaltet, dass es jedes Kind nachzeichnen könnte.
Im Gegensatz zu anderen Logos der Touristik-Branche
werden weder Flugzeug, Palmen noch Meer gezeigt,
sondern das Ergebnis des Urlaubs: Zufriedenheit!

 TUI

Design: Interbrand Zintzmeyer & Lux

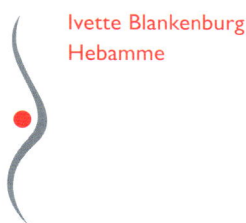

Ivette Blankenburg
Hebamme

Ein weicher Schwung und ein Punkt. Die Farbe Rot zieht die Aufmerksamkeit auf sich – hier ist der Kern, um den es geht! Die Assoziation zum schwangeren Körper ist dezent, aber eindeutig.

 Ivette Blankenburg
Design: Martina Gäbelein, dreiplus design, 2004

Just 4 Women ist eine erotische Hörspielserie für Frauen. Die Zielgruppe wird mit einer Frauenfigur angesprochen: Ihre abstrahierte Darstellung erlaubt Identifikation, die Figur wirkt feminin und selbstbewusst. Die schnörkellose Schrift des Logos vermittelt einen klaren und frischen Charakter. Die Zahl 4 als Teil des Kleidungsstücks wirkt plakativ und trikotähnlich: Zuhören darf nur, wer auch im Team ist – diese Hörspielserie ist nur etwas für Frauen.

 **Just4Women**
Design: Angela Strecker, mimono

Der Agent zeigt, welcher Art dieser Secret Service
ist: Hier geht es um Geheimtipps auf Vinyl.
Secret Service ist ein kleines House-Music-Label.

 **Secret Service, Disco Galaxy**
   Design: ERDEZWEI

Das Grauen ist diesem Männchen ins Gesicht geschrieben.
Kein Wunder, schließlich ist es das Logo für ein Grusel-
produkt – eine Audio-CD mit Schreckgeräuschen, die
unvermutet plötzlich abgespielt werden.

 **Terrify – Die ultimative Schreck-CD; NeumanniA**
Design: Sven Weibel, salon 9

Ohne dass Kleidung gezeigt wird, ist das Thema klar: Mode. Die Figuren sind entweder schon leer gekauft oder warten auf die neueste Kollektion. Das macht neugierig.

 **Marion Muck**
Design: MaWiDe, 1997

Die Figur demonstriert eine klassische Yogahaltung, ähnlich stilisiert wie ein Sportart-Icon. Gleichzeitig ist sie in eine fließende Wellenform eingepasst, die Bewegung und Harmonie kommuniziert. Das Ganze ist in einen klaren, durch die Abrundungen lebendigen Rahmen gebettet.

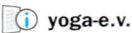 **yoga-e.v.**
Design: Daniel Ley, moculade design, 2003

Die zentralen Themen für das Offizielle Emblem der FIFA
Fussball-Weltmeisterschaft 2006 ^{TM} lauteten Vorfreude und
Heiterkeit. Formale Anforderung war unter anderem, den
FIFA WM-Pokal im offiziellen Emblem zu integrieren.
Das Offizielle Emblem wurde vielseitig in der Presse disku-
tiert – selten ist Design so in den Blickpunkt der breiten
Öffentlichkeit gerückt wie bei diesem Thema, was dazu
führte, dass über das Plakatmotiv der FIFA WM 2006
öffentlich abgestimmt werden konnte.
Im Zuge der Diskussion entwarfen eine Reihe von
Designern nachträglich Logoalternativen.

 Fokus Zeitgeist, S. 299

 FIFA Fussball-Weltmeisterschaft 2006 TM, FIFA
Design: Whitestone, London; abold, München, 2002

Drei Labels für Kickboardmodelle von Roller Coaster.

 Roller Coaster
Design: Christopher Ledwig, F1RSTDESIGN

Mitten im Spiel! Der Ball fliegt gerade aus dem
Logo, man kann nicht umhin, die Bewegung in
Gedanken fortzusetzen.

 **Bundesliga**
 Design: WM Team

PIRATEN – FLAGGE ZEIGEN!

Jack Rackam

Bartholomew Roberts

Edward England

Blackbeard (Edward Teach)

Thomas Tew

Stede Bonnet

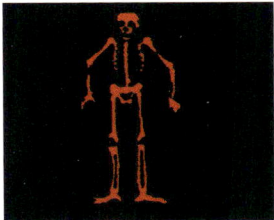

Edward Low

Emanuel Wynne

Henry Every

Walter Kennedy

Piraten identifizierten sich durch persönliche Flaggen, unter denen sie segelten. Typische Motive waren neben dem Totenschädel auch Säbel und Sanduhr.

Die Aussage ist überall eindeutig: Das letzte Stündlein hat bald geschlagen!

 Soziale Identifikation, S. 60

LOGO, SIGNET – WAS IST DAS?

Im Verlauf dieses Buches werde ich den Begriff „Logo"
für die Markenzeichen der Unternehmen und ihrer
Produkte verwenden. Das ist nicht immer präzise,
jedoch im Sprachgebrauch die gängige Bezeichnung.
Wo liegt nun genau der Unterschied zwischen
Begriffen wie Logo, Signet, Wort- und Bildmarke?

Hier scheiden sich die Geister. Im Verlauf meiner Recherche
habe ich etliche Designer nach der genauen Definition
und einem präzisen Vokabular befragt und bin immer auf
Variationen gestoßen. Selbst Fachbücher übertreffen sich
mit wechselnden Unterkategorien und Bezeichnungen.

Der Begriff **Logo** stammt von dem griechischen Wort
Logos, was unter anderem so viel heißt wie Wort/Rede.
Streng genommen dürfte man daher nur eine reine Wortmarke als Logo bezeichnen, kommt ein Bildzeichen hinzu
handelt es sich nicht mehr um ein Logo. Aber worum dann?

Handelt es sich um ein **kombiniertes Zeichen** aus
Wort- und Bildmarke, geht man auf Nummer
sicher, wenn man es als **Wort-Bildmarke** bezeichnet.
Dieser Begriff ist jedoch recht sperrig.

Hier kommt der Begriff **Signet** ins Spiel. Dieser wird zum
einen häufig als Synonym für die reine Bildmarke verwendet, andererseits auch als Bezeichnung für die komplette
Marke, ganz gleich woraus diese nun im Einzelnen besteht.

		SIGNET		
Bild-zeichen	**Buchstaben-zeichen**	**Zahl-zeichen**	**Wort-zeichen**	**Kombiniertes Zeichen**
		LOGO		

Signet vs. Logo: Ein reines Bildzeichen darf man streng genommen nicht Logo nennen.

Eingebürgert hat sich jedoch das Wort Logo für jegliche Art des Markenzeichens, daher erlaube ich mir, diese Bezeichnung im Buch als Überbegriff zu verwenden.

Wenn ich mich auf einzelne Bestandteile des Logos beziehe, werde ich folgende Begriffe gebrauchen:

Wortzeichen oder -marke
Buchstabenzeichen
Zahlzeichen
Bildzeichen oder -marke
kombiniertes Zeichen oder Wort-Bildmarke

 Wort, Buchstabe, Zahl und Bild, S. 28

Zahlzeichen

Bildzeichen

Wortzeichen

Buchstabenzeichen

kombiniertes Zeichen

WORT, BUCHSTABE, ZAHL UND BILD

Wie man hier sieht, lassen sich Kategorien von Zahl-, Bild-, Buchstaben-, Wort- und kombiniertem Zeichen nicht immer klar trennen. Man könnte argumentieren, dass das 4711-Logo kein reines Zahlzeichen ist, da es auch Bildelemente wie die Glocke und den Buchstaben N enthält. Gleiches gilt für das Buchstabenzeichen von McDonald's, das durch die stilisierten Bögen wie ein Bildzeichen anmutet.

Schwierig wird die Zuordnung, wenn sich Wort- und Bildmarke überschneiden, wie es bei den unten gezeigten Logos der Fall ist. Bei Jacobs und Atari werden einzelne Buchstaben der Wortmarke durch Bildelemente ersetzt, dennoch bleiben diese im Zusammenhang als Buchstaben lesbar. Das Logo des Musiksenders VIVA könnte man aufgrund seiner grafischen Abstraktion als Wort-, aber auch als Bildmarke betrachten.

1 PLUS 1

Der Klassiker: Das Logo besteht aus einer Kombination aus Wort- und Bildmarke. Wort- und Bildmarke sind optisch voneinander getrennt und werden je nach Medium und Format auch separat eingesetzt. Dieser Aufbau bringt also Flexibilität mit sich – das Bildzeichen kann z.B. ein quadratisches Format haben, in Kombination mit dem Wortzeichen ergibt sich häufig ein Querformat. Je nach Medium kann das eine oder das andere Format von Vorteil sein. Das angestrebte Ziel besteht jedoch immer darin, beide Zeichen in Kombination zu zeigen, um einen konsistenten Auftritt zu gewährleisten. Diese Art von Logo findet man auch in anderen Kapiteln des Buches unter bestimmten Themenschwerpunkten, z.B. **Figuren und Gesichter** oder **Bewegung**.

Das AT&T-Logo entstand 1983, Verlauf und Schattengebung kamen jedoch erst in den 90er Jahren hinzu. Die Bildmarke zeigt eine stilisierte Weltkugel, die Streifen erinnern an Schaltkreise und sollen elektronische Kommunikation symbolisieren.

Das Logo stammt von Saul Bass, einem vielseitigen Designer, der unter anderem durch seine filmischen Arbeiten berühmt wurde. Sein grafischer Vorspann zu „The Man with the Golden Arm" (1955) oder zu „Vertigo" (1958) erhoben diesen bis dahin unbeachteten Bereich des Films zu einer Kunstform.

 AT&T
Design: Saul Bass, 1983

Die besten Ideen entstehen aus Notsituationen. Als August Horch die von ihm 1899 gegründete Firma Horch & Cie nach einem Streit mit dem Aufsichtsrat verließ, durfte er für sein neues Unternehmen nicht mehr seinen Namen verwenden. Er übersetzte diesen daraufhin einfach ins Lateinische: Audi – ein viel klangvollerer Name als Horch! Die vier Ringe werden oft als vier Räder des Autos begriffen, sie stehen jedoch für die Firmenhochzeit der Hersteller Audi, DKW, Horch und Wanderer im Jahr 1932. Der Schriftzug geht auf den Entwurf des Berliner Typografen Lucian Bernhard aus dem Jahr 1918 zurück. Die zusammengefügte Wort-Bildmarke entstand 1995.

 Audi
    Design Wortmarke: Lucian Bernhard, 1918

Das Logo vermittelt anschaulich, welchen Service die Firma bietet – Digitales vom Pixel bis zum Rasterpunkt.

 **Advance Digital**
Design: Christopher Ledwig, F1RSTDESIGN

vorpommern

Die grafisch reduzierte Bildmarke bietet Raum für vielseitige Assoziationen zur Region Vorpommern:
Wasser, Landschaft, Weite, Segeln, Surfen, Windmühlen, Windräder ...

 **Vorpommern**
Design: Markus Möritz, 2000

Das gelbe Dreieck im blauen Feld stellt einen Lichtkegel dar, zugleich wiederholt es die V-Form der
Initiale. Der Lichtkegel ist seit 1922 Bestandteil des
Firmenzeichens: Damals zeigte das Logo den Kopf
eines Mopses, der eine Taschenlampe im Maul trägt.

COMMERZBANK

Die Bildmarke entstand 1972 im Rahmen der Zusammenarbeit von vier europäischen Banken: Commerzbank, Crédit Lyonnais, Banco di Roma und Banco Hispano Americano. Das Zeichen heißt „Quatre Vents" (vier Winde) und findet sich auch im Logo der französischen Crédit Lyonnais wieder, hier jedoch in blau auf gelben Grund.

 **Commerzbank**

Die Bildmarke ist eine illustrative Umsetzung der Initiale: Das „F" wurde in eine Filmklappe transformiert, als Hinweis auf das Metier des Logoeigentümers. Es ist jedoch nicht Teil des Schriftzugs, sondern bildet ein eigenständiges Element, das neben der Wortmarke existiert.

 Jacobs Krönung, S. 46

 Fine Line Features
Design: Pentagram

Die Initiale steht als separate Bildmarke über dem Schriftzug. Durch den umschließenden Kreis wirkt das Zeichen wie ein siegelförmiges Monogramm.
Das „S" äugt neugierig aus diesem Rahmen heraus, das macht die Sache lebendig!

 Sinnsalon, Büro für Konzept und Gestaltung
Design: Kerstin Reese

VOR DEM ENTWURF: DESIGNER TRIFFT KUNDE

Mit dem Entwurf eines Logos formulieren Sie visuell die
Identität des Kunden bzw. des Produkts. Eine Botschaft zu
interpretieren und visuell zu formulieren erfordert nicht
nur grafisches Geschick, sondern auch schlicht die Fähigkeit
zuzuhören. Lernen Sie Ihren Kunden kennen, er weiß am
besten über seine Produkte und Leistungen Bescheid, das
ist sein „Ding"! Die Versuchung, ein außergewöhnliches
Logo zu entwerfen, das man am liebsten selbst verwenden
möchte, ist groß. Verlieren Sie jedoch darüber nicht den
Kontakt zum Kunden. Ist das sein Logo? Drückt es das aus,
was der Kunde vermitteln will? Wird es von der Klientel des
Kunden ebenso verstanden?
Auf Kundenseite gilt: Ein gutes Briefing ist nicht einfach.
Häufig wird bereits das Ergebnis gebrieft und nicht die
Aufgabenstellung (es ist ein Unterschied, ob ich in einem
Entwurf für einen Messestand fünf Stühle oder eine Sitzgele-
genheit für fünf Personen anfordere – die Ergebnisse werden
möglicherweise völlig unterschiedlich sein).
Es ist sinnvoll, zunächst Grundbegrifflichkeiten zu klären.
In welche Richtung soll der Entwurf gehen? Rational oder
emotional, warm oder kühl, dynamisch oder stabil? Mit
solchen Gegensatzpaaren lässt sich eine allgemeine Tendenz
schnell formulieren. Aber Vorsicht: Spricht man tatsächlich
dieselbe Sprache? Was der eine z.B. als innovativ begreift, ist
für den anderen schon ein alter Hut. Ziehen Sie existierende
Beispiele heran, um Begrifflichkeiten zu veranschaulichen.
Wichtig sind praktische Fakten, z.B. in welchen Medien
das Logo Verwendung finden wird, in welcher Auflage es

umgesetzt wird und welches Budget für die Umsetzung zur Verfügung steht. Ebenso sollten Fragen besprochen werden wie: Wer ist die Konkurrenz? Welche inhaltlichen Übereinstimmungen gibt es mit dieser Konkurrenz, inwiefern unterscheidet man sich von ihr? Wie sieht das Logo der Konkurrenz aus, welche Farben werden verwendet? Und umgekehrt: Gibt es Partnerfirmen des Kunden oder Tochterfirmen und Kooperationen? Wie sieht deren Erscheinungsbild aus und in welchem Verhältnis will man zu diesen gesehen werden? Womit wir für den Designer bei einem heikleren Thema wären: Gibt es weitere Entscheidungsträger für den Logo-Entwurf? Wie früh können diese in den Entwurfsprozess einbezogen werden, um böse Überraschungen bei der Endpräsentation zu vermeiden wie: Hoppla – der Chef mag die gewählte Farbe generell nicht und wollte lieber ein abstraktes, statt ein figürliches Motiv! Gibt es von Kundenseite schon Ideen? In dem Fall ist es nützlich, diese kurz zu skizzieren, um deren Stärken und Schwächen zu diskutieren. Abschließend kann das weitere Vorgehen besprochen werden: Wann ist mit ersten Entwürfen zu rechnen, wie viele Änderungen sind drin, wann liegen Kostenvoranschläge vor, wann wird voraussichtlich die Umsetzung erfolgen?

NORBERT MÖLLER

*Was ist Ihr Lieblingslogo?
Als Designer kann ich nicht nur ein Lieblingslogo haben – im Grunde habe ich eine Art imaginäre Hitlist, die ich ab und an um ein neues Logo ergänze. Am meisten beeindrucken mich Logos, bei denen es gelungen ist, Wortmarke und Bildzeichen so miteinander zu verbinden, dass sie eine Geschichte erzählen, ohne aber grafisch zu konstruiert und künstlich zu wirken. Besonders gut ist das beim Jacobs-Logo gelöst (nicht nur, weil es aus unserem Hause kommt): Das „J" ist gleichzeitig Initiale und als halbe Tasse mit einer Aromafahne erkennbar.

*Was war Ihr erstes Logo (und wie war es?)
Meine erste richtige Logoentwicklung war das Raab Karcher-Logo 1993. Damals gehörte Raab Karcher noch zu Europas größten Dienstleistungs- und Handelsunternehmen, heute gibt es nur noch einzelne Bereiche wie zum Beispiel den Baustoff-handel. Hinter dem Signet stand die Idee eines Vogelschwarms als Symbol für Vielfalt und Größe, aber auch für die Einheit der Gruppe. Die Abschlusspräsentation ist für mich unvergessen: spontaner Applaus in einer Runde sonst eher nüchterner Händler und Dienstleister – das passiert einem in unserer Branche auch nicht ständig.

*Was inspiriert Sie?

LKWs auf der Autobahn, Einkaufen im Supermarkt, kreative Kollegen, ein weißes Blatt Papier auf meinem Schreibtisch, Werksbesichtigungen, Bücher, um die Alster laufen.

*Was ist ein absolutes Tabu bei Logos?

Ein definitives Tabu ist, sich bei der Logoentwicklung zu sehr an gestalterischen Trends zu orientieren. Trends sind etwas für Anzeigen, Werbespots, Direktmarketing usw., ein Logo aber muss über den Dingen stehen und unabhängig von Trends funktionieren, denn nur dann kommt das Logo nicht nach kurzer Zeit aus der Mode.

*Was ist ein Muss bei Logos?

Ein designerisches oder inhaltliches Muss gibt es eigentlich nicht – wichtig ist, dass man nicht einen eigenen Stil herausbildet, der sich in allen Gestaltungen wiederfindet, sondern dass das Logo für das jeweilige Unternehmen oder die Marke das Richtige ist. Nur formal gibt es ein Muss: Man sollte eine neue Logoentwicklung erst einmal aufs Fax legen, denn jedes Logo muss auch noch in seiner schlechtesten Darstellungsform gut wiedererkennbar sein. Ist es im Fax okay, dann ist es technisch in Ordnung.

Norbert Möller ist Executive Creative Director bei der Peter Schmidt Group, Hamburg

2 IN 1

2 IN 1

In diesem Kapitel findet man Logos, die sich nicht
einfach in Wort- und Bildmarke unterteilen lassen.
Diese Logos spielen – sie verschmelzen ihre formalen
Eigenschaften und sind Bild- und Wortmarke
in einem. Dies kann auf unterschiedliche Weise
geschehen: Ein einzelner Buchstabe innerhalb der
Wortmarke wird illustrativ verändert. Oder die
Wortmarke ist ganz und gar in eine Illustration
eingebettet. Eine weitere Variante ist die illustrative Umsetzung eines kompletten Schriftzugs,
der dadurch eine bildliche Anmutung erhält.

Im JACOBS-Logo wird die Initiale illustrativ umgesetzt, sie bleibt jedoch Teil des Gesamtschriftzugs. Das „J" deutet eine Tassenform an, der rote Schwung darüber vermittelt die sinnliche Erfahrung des Kaffeedufts.

 **JACOBS Krönung**

Design: Peter Schmidt Group

Das Logo des Detroit Symphony Orchestra ist ein
Buchstabenzeichen aus der Abkürzung des Namens.
Das „S" wurde ornamental verändert, es erinnert
an die klassische „Schnecke" eines Cellos oder
einer Violine, die im Buchstaben selbst und in der
sich ergebenden Negativform erkennbar ist.

 DSO, Detroit Symphony Orchestra
Design: Pentagram, 2000

Hier wird die optische Ähnlichkeit des Buchstabens „P"
mit dem Satzzeichen ? ausgenutzt. Das Fragezeichen
kommt dabei in seiner Funktion als Satzzeichen und
gleichzeitig als Buchstabe zum Einsatz. Grafisch wie
inhaltlich ist dieser Tausch elegant: curious? – neugierig?
– fragt der erste Teil des Logos, um dann mit demselben
Fragezeichen, diesmal in der Funktion als Buchstabe,
das Wort Pictures zu bilden. Curious Pictures ist eine
New Yorker Designagentur, die auf Grafik, Animation,
Live-Action und Spezialeffekte spezialisiert ist.

 Curious Pictures
Design: Pentagram

Die Eins im doppelten Einsatz: einmal als Zahl, einmal als Buchstabe „i". Drehsymmetrisch wiederholt die Zahl die Form des ersten Buchstabens. Die farbliche Hervorhebung unterstützt die Lesereihenfolge.

 **Radio Eins Live**

Design: TBWA Werbeagentur, 1995
Redesign: Boros Agentur für Kommunikation, 2000
WDR Corporate Design: Volker Rapsch

Das Logo ist in Anspielung auf den Namen ganz und gar illustrativ umgesetzt. Es handelt sich hier um ein Musiklabel, wie sich an der Aufschrift im typischen roten Jeansetikett erkennen lässt.

 **Jeans Recordings**
Design: ERDEZWEI

Die Bildmarke nimmt das Fabrikthema des Namens auf, der Schriftzug bildet dazu optisch das Fundament. Dabei wird er von der unteren Linie in die Illustration eingebettet, der Schornstein über dem „I" bildet dessen Verlängerung und unterstützt die Integration der Wortmarke in die Bildmarke. Die Mediafabrik ist eine reine Produktionsagentur im Bereich Medien.

 **Die Mediafabrik**
Design: ERDEZWEI, 2001

schnurstracks
gestaltung und interaktion

Simpel aber effektiv: Die „Schnur" zieht sich als ein-
fache Aussparung durch die gesamte Wortmarke.

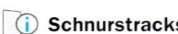

Schnurstracks
Design: Schnurstracks

Gänsehaut für die Ohren

▶▶LPL records

Dieses Logo steht für einen Verlag, der unheimliche Hörspiele produziert. Dass es hier um Horror und Grusel geht, erkennt man sofort an der im Genre typischen Schriftgestaltung: Die Wortmarke illustriert durch die zittrige Typografie die Sinneserfahrungen von Schaudern und Frösteln.

 Gänsehaut für die Ohren

Design: Angela Strecker, mimono

Das Zweite Deutsche Fernsehen gibt es seit 1963. Seitdem hat sich das Erscheinungsbild des Senders mehrfach geändert. Auslöser für das aktuelle Design war die Bericht-erstattung zur Fußball-WM 98, als das ZDF nach einer neuen Farbe für die Windschützer auf den Mikrofonen suchte. Orange hatte noch kein Sender, damit hob sich das ZDF gut aus dem allgemeinen Mikrofondschungel heraus. Das Logo basiert auf der Ähnlichkeit der Zahl 2 mit dem Buchstaben „Z". Die Wortmarke lautet je nach Lesart ZDF oder 2DF, das als 2 geformte „Z" wird im orangefarbenen Spotlicht hervorgehoben.

 As Time Goes By, S. 98

 ZDF
Design: Bob English, razorfish,
Axel Hefter, ZDF Corporate Design, 2001

Das Logo des TV-Musiksenders VIVA besteht aus plakativen, grafischen Flächen, die den Namen des Senders formen. Das ursprüngliche Logo war blau-gelb, die überarbeitete Version ging 2004 auf Sendung, am Bildschirm wird es in weiß ausgestrahlt.

 VIVA
Design: dmc, 1994

Beim King Kamehameha Cup handelt es sich um ein
Strandfußballturnier. Passend zum Strandthema ist das
Ganze nach dem ersten hawaiianischen König Kamehameha
benannt, der Ende des 18. Jahrhunderts alle hawaiiani-
schen Inseln regierte und diese nach Kräften gegen die
Engländer verteidigte. (Für Serien-Fans: Ricks Bar in der
TV-Serie Magnum war ebenfalls nach ihm benannt.)
Die Wortmarke des Logos ist in der Bildmarke integriert,
diese zeigt alles, was zum Thema gehört: Pokal, Fuß-
ball, Krone und Hawaii-Blumen – mehr geht nicht!

King Kamehameha Cup
Design: ERDEZWEI, 1996

Der wesentliche Inhalt des Burgers (der Belag) wird
hier durch den Namenszug ersetzt. Die größer wer-
dende Schrift deutet auf üppigen Inhalt hin.

 **BURGER KING**
Design: 1999

MOTIVATION EINES LOGOS

Historisch gesehen entstanden Logos aus unterschiedlichen Motivationen und Bedürfnissen. Die Funktion
des Logos war stets die Identifikation. Diese findet im
Wesentlichen auf drei verschiedenen Ebenen statt.

1) Das Logo als Mittel der sozialen Identifikation.
Diese stellt klar, um wen es sich handelt. Ziel ist die
unverwechselbare Kommunikation der eigenen Person
nach außen.

2) Das Logo als Mittel der Urheber-Identifikation.
Diese kennzeichnet den Urheber eines Produkts. Die
Motivation war möglicherweise ursprünglich der Stolz des
Herstellers auf sein Produkt, später diente diese Identifi-
kation zugleich als Unterscheidung von der Konkurrenz.

3) Das Logo als Form der Eigentümer-Identifikation.
Sie kommuniziert, wem ein Objekt gehört. Diese Identifikation entstand ursprünglich aus dem Bedürfnis,
das Hab und Gut vor Diebstahl zu schützen.

1) Soziale Identifikation:
„Hallo, das sind wir!"

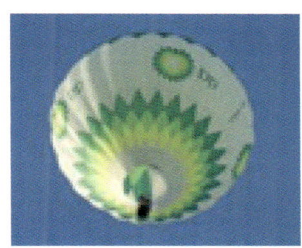

2) Urheber-Identifikation:
„Dieses Produkt stammt von uns."

3) Eigentümer-Identifikation
„Dieser LKW gehört uns."

SOZIALE IDENTIFIKATION:
„DAS BIN ICH!"

Im Mittelalter entsprach das heraldische Zeichen auf dem Schild des Ritters dem Logo heutiger Zeit. Es kommunizierte, wer der Kämpfer war. Das „Logo" bezog sich hauptsächlich auf den Sender, die Wirkung auf den Empfänger hatte weniger Gewicht.

Piraten und Freibeuter entwarfen ihre eigenen Flaggen, unter denen sie ihre Raubzüge unternahmen. Um 1700 tauchte unter dem französischen Piraten Emanuel Wynne erstmals das Motiv des Totenkopfs auf. Diese Kommunikation sendete nicht nur die soziale Identifikation, sondern sollte auch eine entsprechend beängstigende Wirkung auf den Empfänger haben.

Soziale Identifikation findet heute über das Logo auf dem Briefpapier statt oder über das Logo als Bandenwerbung im Stadion. Es kommuniziert „Hallo, das sind wir!"

Das Logo als soziale Identifikation:
Das bin ich (und kein anderer!)

URHEBER-IDENTIFIKATION:
„WER HAT'S GEMACHT? …"

Der Romanheld Zorro kennzeichnet sein „Werk"
immer mit dem Buchstaben „Z". Das Logo mar-
kiert, wer hier Witwen und Waisen gerächt hat.

Die Motivation dieses Logos ist, den Urheber (hier: einer
Tat, sonst: eines Produkts oder Service) zu kommunizieren.

Ein historisches Logo-Beispiel für die Urheber-Identifikation sind die Markenzeichen auf antiken römischen
Öllampen (Firmalampen). Im alten Rom gab es eine
fast industrielle Fertigung dieser in allen Haushalten
verwendeten Produkte. Auf der Rückseite der Lampen des
Herstellers „Fortis" befindet sich stets das Markenzeichen
der Firma, das sie als Hersteller der Lampen identifiziert.

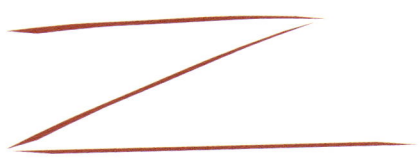

Urheber-Identifikation: „Ich hab's gemacht (und niemand sonst)"
Das flotte Zorro-Logo weist übrigens perfekt auf das Handwerk
des Eigentümers hin, den Degen, da dieser zugleich das
technische Mittel für die Umsetzung des Logos ist.

EIGENTÜMER-IDENTIFIKATION:
„MEINS!"

Die Eigentümer-Kennzeichnung ist aus der Notwendigkeit entstanden, Eigentum gegen Diebstahl zu schützen. Schon bei den alten Ägyptern brandmarkte man z.B. das eigene Vieh, um es als Eigentum identifizieren zu können. Besonders ausgefeilt ist der Umgang mit Brandzeichen in den USA. Die Brandmarken für Vieh werden in manchen Staaten schon seit Mitte des 19. Jahrhunderts in staatlichen „Brandbooks" registriert. Übertragen auf das Geschäftsleben jenseits von Viehzucht wäre ein Firmen-Logo auf einem Lieferwagen der Firma ein Beispiel für die Eigentümer-Identifikation.

Eigentümer-Identifikation: Schon die alten Ägypter brandmarkten ihr Vieh.

WAPPEN

WAPPEN

Als Teil eines Firmenlogos spiegelt das Wappen häufig
die Herkunft des Unternehmens wider. Dazu werden
in der Gestaltung des Wappenzeichens heraldische
Motive des jeweiligen Stadt- oder Landeswappens
aufgegriffen. In diesem Fall stellt ein Wappen nicht
nur ein grafisches Stilmittel dar, um Tradition zu kommunizieren, sondern steht auch für eine tatsächliche
Bindung zwischen Unternehmen und Standort.

Ein Wappenschild kann aber auch als Metapher,
im Sinne eines Schutzschilds, verstanden werden.
Das Wappenschild bezieht sich dann auf die
Dienstleistungen des betreffenden Unternehmens.

Fokus Historie: Heraldik, S. 72

1948 entstand das erste Auto, das den Namen der 1931
gegründeten Firma Porsche trägt. Das heutige Porsche-Logo
besteht aus einem Wappen als Bildzeichen und einem
modernen Schriftzug als Wortmarke. Dieser Schriftzug
wurde 1951 entworfen und erstmals auf den Betriebsan-
leitungen für den 356 gedruckt. Die breiten Buchstaben
vermitteln Geschwindigkeit und sind bis heute nahezu
unverändert. Bis ins Jahr 1995 wurde die Wortmarke für
sämtliche Kommunikationsmittel alleinstehend verwendet.
Das Bildzeichen wurde 1952 auf Wunsch ausländischer
Kunden entwickelt, sie waren an einem Wappen als Markenzeichen interessiert, wie es bei vielen Automarken üblich
war. Der Entwurf geht auf eine Skizze von Ferry Porsche
zurück, auf dessen Basis der Porsche-Ingenieur Franz Xaver
Reimspieß das bis heute gültige Wappen entwickelte.
Das steigende Pferd stammt aus dem Wappen von Stuttgart,
wo neben dem Firmensitz seit 1950 auch der Produktions-
standort liegt. Die Geweihstangen und die rot-schwarzen
Streifen sind dem Wappen des Landes Württemberg ent-

nommen, über allem wölbt sich abschließend der Porsche-Schriftzug. Bis heute erscheint jedes Porsche-Fahrzeug weltweit mit diesem Wappen auf der Fronthaube. Seit 1996 werden Wort- und Bildzeichen in der Markenkommunikation nur noch gemeinsam gezeigt. So wurde einerseits ein international einheitlicher Auftritt geschaffen und andererseits werden traditionelle Porschefans über das Wappen und die jüngere Zielgruppe über den geläufigeren Schriftzug gleichermaßen angesprochen.

 **Porsche**

Design Wappen: Ferry Porsche, Franz Xaver Reimspieß, 1952
Design Wortmarke: 1951
Design Kombiniertes Zeichen: 1996

Das Logo der Beck's Biermarke besteht aus zwei
Elementen: dem Wappenschild als Bildmarke
und der Beck's-Wortmarke. Diese Elemente sind
wesentliche Bestandteile des Flaschen-Etiketts.
Der Schlüssel im Wappen der Bierbrauerei ist dem
Stadtwappen von Bremen entnommen und weist damit
auf den Firmenstandort hin. Das Motiv des Schlüs-
sels war schon im ersten Etikett aus dem Jahr 1876
enthalten. Dieser Schlüssel spielte im 19. Jahrhundert
besonders für den Export eine große Rolle: Im Ausland
etablierte sich der Name „Schlüsselbier" für die Marke,
diese Bezeichnung erschien schließlich auch als Zusatz
auf den Etiketten in der jeweiligen Landessprache.
Abgesehen von grafischen Experimenten für Export-
Biere behielt das Beck's-Etikett ein sehr durchgängiges
Erscheinungsbild bei: Die ovale Form und Platzierung der
grafischen Elemente wie Banderole, Münzen, Wappen und
Schriftzug sind bis heute im Kern erhalten geblieben.
Die Wortmarke hat sich in den letzten Jahr-

zehnten hingegen kontinuierlich gewandelt, sie
ist insgesamt breiter und kräftiger geworden.
1984 kürzt die Brauerei den Namen der Marke: statt
„Beck's Bier" heißt sie heute nur noch „Beck's", wodurch
sich ein noch kompakterer Schriftzug ergibt. Seit 1998
erscheint die Wortmarke komplett in Versalien und
nicht mehr in Kapitälchen. Das „S" am Schluss hat nun
die gleiche Buchstabenhöhe wie der Gesamtschriftzug
und wird nicht mehr als Kleinbuchstabe gezeigt.

Beck's
Design: Peter Schmidt Group,
1996/2000

Die Bildmarke der Versicherung entstand 1998. Die Idee, ein Wappenschild als Logo-Motiv zu verwenden, basiert auf einem Werbespot, den die Agentur Scholz&Friends für HUK-Coburg entwickelte. In diesem Spot wurde das Schild als Schutz-Metapher für die Versicherung eingeführt. Das Schild gefiel der HUK so gut, dass sie es seitdem auch als Logo-Motiv verwendet. Die Kontur der Burg (Veste Coburg) wurde dafür aus dem ursprünglichen Logo übernommen und der Schildform angepasst.

 **HUK-Coburg**
Design: Scholz&Friends, HUK-Coburg, 1998

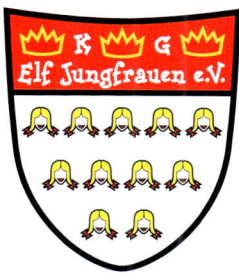

Der Karnevalsverein Elf Jungfrauen besteht seit 1997. Die Gestaltung des Logos basiert auf dem des Kölner Stadtwappens. Der Name des Vereins bezieht sich auf die Legende der heiligen Ursula, die gemeinsam mit 11000 Jungfrauen vor den Toren Kölns den Märtyrertod starb. Im Kölner Wappen werden die Jungfrauen durch elf flammenförmige Hermelinschwänzchen repräsentiert, im Logo des Karnevalsvereins stehen an dieser Stelle die stilisierten Gesichter.

Im Kölner Karneval ist die „Jungfrau" neben dem Prinzen und dem Bauern Teil des Dreigestirns und wird traditionell von einem Mann dargestellt. Dieser greift in seiner Verkleidung vorzugsweise auf die blond bezopfte Perücke zurück.

KG Elf Jungfrauen e.V.
Design: ERDEZWEI, 1997

HERALDIK

*Die ersten Wappen auf Schilden traten bereits Mitte
des 12. Jahrhunderts auf. Dies ist ein Ritter im Stil der
Manessischen Handschrift um 1300. Das Wappenmotiv
wiederholt sich auf Pferdedecke und Banner.*

kaiserlicher Herold

Im Mittelalter verschwanden ritterliche Kämpfer komplett unter Helm, Rüstung und Schild. Wer hier gerade kämpfte, ließ sich nur noch anhand der Gestaltung und Farbe der Wappen erkennen. Wappen waren ursprünglich auf Fernwirkung und Einfachheit konzipiert, sie entwickelten sich jedoch zu Prunk- und Zierstücken und wurden dabei in ihrer Gestaltung immer komplexer. Wappen mussten aber auch im Kleinformat als Siegel funktionieren. Es gelten bei der Gestaltung von Wappen bis heute klare Regeln. Wappen sind ein Mittel der sozialen Identifikation. Die Aufsicht über die existierenden Wappen hatten im Mittelalter die Herolde. Sie kündigten unter anderem bei Turnieren die jeweiligen Wettkämpfer an, die sie anhand der Wappen identifizierten. Um dabei den Überblick zu behalten, legten sie Rollen an, auf denen sie die Wappen verzeichneten, die ihnen begegneten. Sie entwickelten dabei ein genaues Vokabular zur Wappen-Beschreibung, das so genannte **Blasonieren**. Heute sind Wappen ähnlich wie der Name per Gesetz geschützt, jede natürliche und juristische Person darf theoretisch ein eigenes Wappen führen.

 Soziale Identifikation, S. 60

BESTANDTEILE EINES WAPPENS

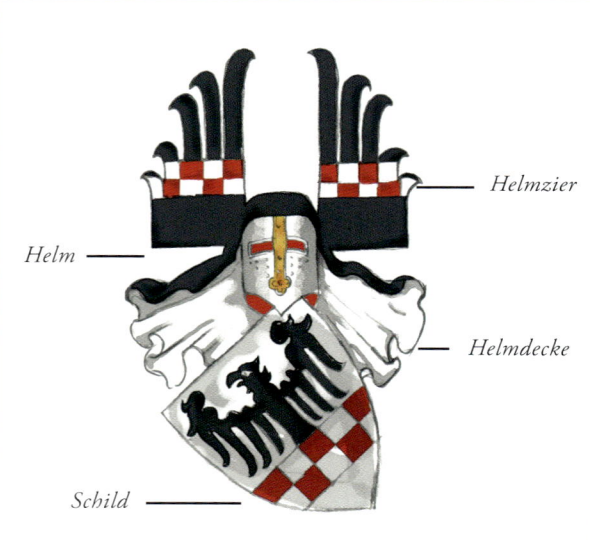

Helmzier

Helm

Helmdecke

Schild

Farbgebung

Die Farbgebung eines Wappens ist streng geregelt. Es gibt
nur wenige Farben und Metalle, die verwendet werden
dürfen. Dazu gehören Gold und Silber als Metalle und als
Farben Schwarz, Rot, Blau, Grün und Purpur. Seltener sind
Braun, Grau, Orange und fleischfarben. Letzteres wird nur
für die Abbildung von menschlichen Figuren verwendet und
nicht als Flächenfarbe. Werden Wappen in Schwarzweiß

abgebildet gibt es eine festgelegte Schraffur für jede Farbe. Alle Farben werden eindeutig eingesetzt, es gibt keine Abstufungen (z.B. Hellblau und Dunkelblau). Eine Farbe steht immer auf Metall oder umgekehrt, nur im Notfall darf Metall auf Metall oder Farbe auf Farbe stehen. Nach Möglichkeit werden insgesamt nur wenige Farben verwendet. Pelzwerke (Muster) dürfen sowohl mit Farben als auch mit Metallen eingesetzt werden. Farben werden in der Heraldik als **Tinkturen** bezeichnet.

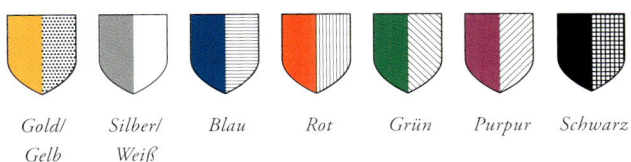

Gold/   *Silber/*   *Blau*   *Rot*   *Grün*   *Purpur*   *Schwarz*
Gelb   *Weiß*

Tiere und Figuren

Im Wappen werden oft allerlei Motive gezeigt. Man spricht dabei von „gemeinen Figuren", das können Tiere, Menschen, Fabelwesen, Pflanzen, aber auch Gebäude und Gegenstände sein. Als Wappentiere waren Löwen, Bären, Leoparden und Adler sehr beliebt, ebenso Fabelwesen wie das Einhorn oder der Lindwurm. Gezeigt werden auch Gegenstände, die Teil einer Stadtlegende sind oder Bauwerke repräsentieren. Nimmt das Wappenmotiv Bezug auf den Namen des Trägers, spricht man von **redenden Wappen**.

Heroldsbilder

Die meisten Wappen bestehen aus nur wenigen Farben.
Unterschiedliche Heroldsbilder entstehen durch die
Aufteilung des Wappenschilds. Selbst wenn all diese
Heroldsbilder dieselbe Farbkombination enthielten,
würde es sich um verschiedene Wappen handeln.

gespalten   *geteilt*   *geviert*   *schräglinks-*   *Schild-*   *Bord*
                                      geteilt   *haupt*

Pelzwerk

Die Musterformen auf einem Wappen bezeichnet
man als Pelzwerk. Hier einige Beispiele:

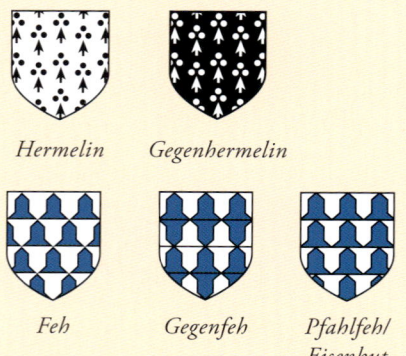

Hermelin   *Gegenhermelin*

Feh   *Gegenfeh*   *Pfahlfeh/*
                     Eisenhut

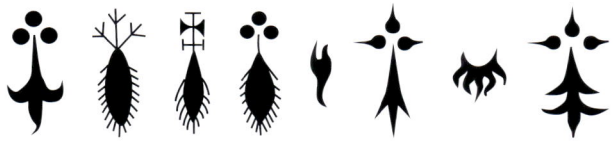

Verschiedene Versionen stilisierter Hermelinschwänzchen

Teilungsschnitte
Die Begrenzung der Farbflächen kann ebenfalls
variieren, durch so genannte Teilungsschnitte:

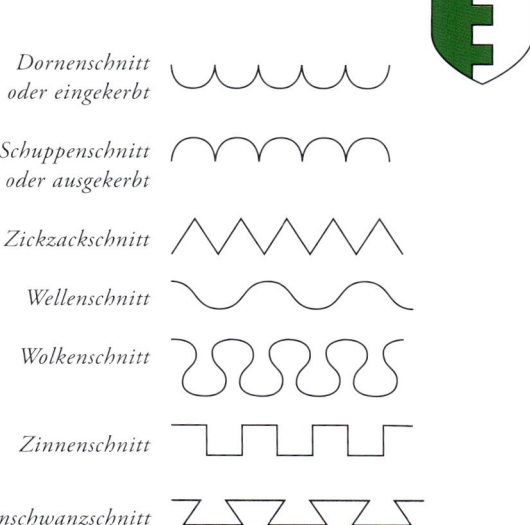

Dornenschnitt
oder eingekerbt

Schuppenschnitt
oder ausgekerbt

Zickzackschnitt

Wellenschnitt

Wolkenschnitt

Zinnenschnitt

Schwalbenschwanzschnitt

ANSGAR HILLER

*Was ist Ihr Lieblingslogo?
Zur Zeit immer noch unser eigenes :)

*Was war Ihr erstes Logo (und wie war es?)
Weiß ich nicht mehr (war aber bestimmt furchtbar).

*Was inspiriert Sie?
Eigentlich so ziemlich alles, aber konkret Musik und andere Logos. Am liebsten lasse ich mich von den LosLogos- (und DosLogos-) Büchern vom Gestaltenverlag inspirieren. Man kommt beim Durchblättern auf viele Lösungsansätze, die bei der Umsetzung der eigenen Idee helfen. Meistens sind es Kleinigkeiten, wie z.B. die Form eines i-Punkts, die einem plötzlich die Augen öffnen und zum Schlüssel für die eigene Arbeit werden. Dazu laute monotone Musik ...

*Was ist ein Tabu bei Logos?
Mehr als zwei Farben vielleicht – aber eigentlich gibt es keine Tabus, wenn das Logo funktioniert und seinen Zweck erfüllt. Es gibt Logos, die alle Konventionen über den Haufen werfen und trotzdem genial sind. Andererseits ...

*Was ist ein Muss bei Logos?
*Charakter, Zeitlosigkeit und Harmonie – ähm – klingt
etwas kitschig ...*
*Viele gute Logos haben Flügel. Wenn man beim Gestalten
eines Logos das Gefühl hat, in einer Sackgasse zu stecken,
hilft es meistens, ihm ein paar Flügel zu malen. Das
Ergebnis ist fast immer motivierend. Ab einem bestimmten
Punkt kann man die Flügel auch wieder wegwerfen und
mit neuem Selbstvertrauen weiter gestalten. Jedes Logo sollte
in mindestens einem Entwicklungsstadium Flügel haben
– braucht ja keiner zu erfahren.*

*Was beschäftigt Sie gerade?
Ich arbeite gerade an einem Logo:

ⓘ Ansgar Hiller ist diplomierter Grafikdesigner und seit
1997 Mitinhaber der Kölner Agentur Planet Pixel.

Blüten, Früchte und andere botanische Motive
werden aus unterschiedlichen Gründen als Bildmarke verwendet. Sie verweisen auf inhaltliche
Bestandteile eines Produkts (Minze für Kaugummi),
nutzen eine mythologische Bedeutung für sich (die
Frucht der Erkenntnis) oder stellen eine örtliche
Verknüpfung her (Palme) und geben so einen Hinweis auf Herkunft oder kulturellen Hintergrund
des Produkts, der Person oder des Unternehmens,
für das bzw. die sie stehen. Allgemein verknüpft
man Werte wie Natürlichkeit, Wandel, Heilkraft,
Wachstum und Fülle mit botanischen Motiven.
In der Heraldik sind das rote Ahornblatt für Kanada
oder das grüne Kleeblatt für Irland bekannte botanische Bilder.
Eine Bedeutungswandlung hat die Lilie erfahren:
In der griechischen Mythologie galt sie als Blume
der Göttin Hera, entstanden aus den verschütteten
Tropfen Heras göttlicher Muttermilch. Aphrodite,
Göttin der Liebe und Schönheit, ärgerte sich prompt
so sehr über die Reinheit der Blüte, dass sie dieser
zusätzlich einen Eselsphallus als Stempel einpflanzte.
Die Lilie galt entsprechend im Mittelalter anfangs
noch als heidnisch, wurde dann aber als „Madon-
nenlilie" zum Symbol der Reinheit. So wurde bei
der bildlichen Darstellung dieser Lilie meist auf
den Stempel und die Staubfäden verzichtet.

Die deutsche afri cola gibt es seit 1931. Die Palme stand damals, wie der Name auch, für exotische Ferne. Die Idee für das koffeinhaltige Getränk und das Franchise-Prinzip, mit dem es vertrieben wurde, stammte aus den USA. Spätestens seit der verwegenen Werbekampagne von Charles Wilp aus dem Jahr 1968 ist afri cola Kult: lüsterne Nonnen, rauschhafter Genuss des Getränks – das war deftige Kost für das deutsche Fernsehpublikum, dem sonst nur Werbemütterchen mit Waschmitteltipps präsentiert wurden.

afri cola
Design: 1931

Die Bildmarke des Energiekonzerns BP erinnert viele
zunächst an eine Blüte, stellt primär aber kein botanisches
Motiv dar: Der weiße Kern mit gelbem Umfeld symbolisiert die Kraft der Sonne, die Farbe Grün steht für die
Umweltverantwortung des Unternehmens. Das Zeichen
setzt sich aus vielen kleinen Teilen zusammen, die inein-
ander greifend ein großes Ganzes bilden. Auf diese Weise
wird die komplexe Firmenstruktur visualisiert, die durch
den Zusammenschluss mehrerer Unternehmen gewachsen
ist. Die gewählte Farbkombination wird selten für Logos
verwendet und macht das Zeichen gut unterscheidbar.

 BP

Design: Landor, San Francisco, 1999/2000

Das Logo steht für eine urbane Beach-Bar, die das tropische Urlaubsgefühl nach Deutschland holen will. Es zeigt eine Sonne auf blauem Himmel, kann zugleich aber auch – passend zum Hawaii-Feeling – als exotische Blüte erkannt werden.

 Waikiki Beach 2004 – urbane Touristik
Design: Sascha Mayer, 2004

Edna Gatza ist Beraterin und Trainerin für interkulturelle Management-Kompetenz. Die Bildmarke entstand in Anlehnung an chinesische Stempel, die zur Signatur verwendet werden. Der Bambus steht für Stabilität und Flexibilität, die über den Rahmen hinausragenden Blätter vermitteln Offenheit – Eigenschaften, die für die Kommunikation zwischen unterschiedlichen Kulturen Voraussetzung sind. Als typische Pflanze der Region bildete der Bambus einen Bezug zum asiatischen Kulturkreis und verweist auf die Erfahrungen der Beraterin in diesem Gebiet.

 **Edna Gatza**
Design: Edna Gatza, Kirsten Reinhold
für Agentur+Leven+Hermann, 2001

BIO SUISSE ist ein schweizer Verband von Bio-Bauern, die ihre Produkte unter dem Label der Knospe verkaufen. Die gerade geöffnete Knospe verheißt Frische; allgemein versinnbildlicht eine Knospe natürliches Wachstum und impliziert Pflege bis zur vollen Blüte. Das Logo entstand vor ca. 25 Jahren, sein aktuelles Erscheinungsbild gestaltete die Agentur F33.

 Fokus Zeitgeist, S. 90

 BIO SUISSE
Design: Christoph Gysi, F33

Die Pflanzen in diesem Limonadenlogo zeigen, was im Produkt drinsteckt: Orangen!

 Bluna

Die Sonnenblume ist die traditionelle Bildmarke der Partei Die Grünen. Anstoß für das erste Grünen-Logo war ein Kalendermotiv der Anti-Atomkraft-Bewegung: eine Sonnenblume mit lachender Sonne in der Mitte. Die Grünen wählten als Parteilogo allerdings die pure Sonnenblume, ohne Gesicht. Nach Zusammenschluss von Bündnis 90 und Die Grünen wurde 1993 das Logo überarbeitet. Von der Blume wird heute nur noch ein Kranz aus Blütenblättern gezeigt, der die zwei Schriftzüge des Logos einfasst. Dieser reicht jedoch aus, um im Kopf des Betrachters das Bild der gesamten Blume wachzurufen – das liegt sowohl am Bekanntheitsgrad des ursprünglichen Logos als auch am Signalcharakter der Blume. Auch andere grüne Parteien in allen Teilen der Welt verwenden die Sonnenblume als Bildmarke, neben vielen europäischen Parteien auch die von Taiwan und den USA.

Bündnis 90/Die Grünen
1993

Der Apfel ist nicht nur ein gesundes Nahrungsmittel
(„an apple a day keeps the doctor away"), sondern auch
Sinnbild für Verbotenes (Adam und Eva) und Erkenntnis
(Isaac Newton). Im ersten Logo der Computerfirma Apple
war daher auch Newton unter dem Apfelbaum im Logo
abgebildet. Das Motiv war jedoch nicht sehr griffig, die
Agentur Regis McKenna gestaltete schon ein Jahr später
das heute weltbekannte Logo: ein angebissener Apfel,
gestreift in allen Farben des Regenbogens, allerdings
in falscher Reihenfolge angeordnet – Lust, Erkenntnis,
Hoffnung und Anarchie vereinten sich so in einem Zeichen! Der Apfel ist bis heute geblieben, seine Farbigkeit
änderte sich jedoch mit dem Design der Produkte.

Apple
Design: Regis McKenna, 1976

KÖBI GANTENBEIN

Was ist Ihr Lieblingslogo?
*Die Knospe der Marke BIO SUISSE, das ist das Gütezeichen
für biologisch angebautes Gemüse etc.*

Warum?
*Mir gefallen die putzige Zeichnung und die grüne Farbe; mir
gefallen der antiquierte Charme und überraschende Form; mir
gefallen die ideologische Aufladung und die religiöse Anmutung,
die mich zu einem Konsum von gesundem Leben verführen
wollen. Und mir gefällt, dass ich mich auf Ihre Frage ja ganz
spontan erinnert habe und mir die Knospe eher eingefallen ist
als der Mercedes Stern oder der Coca Cola Schriftzug. Und mir
gefällt schließlich der Anspruch: Ich soll eine Bildmarke lernen
und auf den Text verzichten.*

Was ist ein Tabu bei Logos?
Keines

Was ist ein Muss bei Logos?
Ich muss es in einer Sekunde spätestens begriffen haben.

Köbi Gantenbein ist
Chefredakteur der Zeitschrift
für Design und Architektur
„Hochparterre", Zürich.

 BIO SUISSE, S. 86

*Was beschäftigt Sie gerade?
*Ich höre Musik von Schubert: Die Winterreise, gesungen von
Fischer-Diskau.*

*Was Sie immer schon zum Thema Logos sagen wollten:
*Es braucht ein Archiv, das all die Logos sammelt, ihre
Geschichten erforscht und ihre Formalien ordnet.*

HOCH PART ERRE

HOCHPARTERRE
Design: Barbara Erb,
Hochparterre, 2001/02

ENTWURF

Unabhängig vom geplanten technischen Einsatz
des Logos und von der Branche des Kunden gibt
es ein paar grundlegende Kriterien, die beim Entwurf eines Logos beachtet werden sollten:

Einfach einfach!
Ist das Logo einfach genug und leicht verständlich? Versuchen Sie das Logo in wenigen Worten zu
beschreiben (es in wenigen Strichen zu skizzieren).

Was erzählt das Logo?
Das Zeichen sollte etwas über die Art des Unternehmens
bzw. Produkts verraten oder eine andere Verbindung zum
Produkt oder Unternehmen haben (z.B. einen Hinweis auf
den Namen). Ein spektakuläres Logo nützt wenig, wenn
der Betrachter nicht weiß, wofür es eigentlich steht.

Wie stark ist der Aufmerksamkeitswert?
Hat das Logo Potenzial, Blicke auf sich zu ziehen (und
die Aufmerksamkeit zu halten)? Aufmerksamkeit kann
u.a. durch Irritationen und optische Täuschungen erzielt
werden, der Grat zwischen ansprechender Grafik und
nervender Effekthascherei ist hier jedoch sehr schmal.

Angemessen?

Passt das Logo zur Sache? Ein edles Logo für eine
Imbissbude ist höchstwahrscheinlich kontraproduktiv,
ein schrilles Logo für einen Notar ebenfalls.

Zeitgeist und Zeitlosigkeit:

Nichts hält ewig, Beständigkeit und Langlebigkeit sollte
aber zumindest das Ziel sein. Manchmal ist jedoch ein
modisches, trend-gerechtes Logo gefragt, z.B. für temporäre
Ereignisse wie Events oder Saisonprodukte. Solche Logos
profitieren von der Nähe des Trends zur Zielgruppe, sie
sind andererseits von ihm abhängig und veralten mit ihm.

FARBEN

Blau ist die beliebteste Farbe wie sich in Umfragen herausge-
stellt hat und das gleichermaßen bei Männern wie Frauen.[1]
An zweiter Stelle der Beliebtheitsskala steht die Farbe Rot.
Diese Tatsache schlägt sich auch in der Logogestaltung
nieder, wie die Illustration gegenüber veranschaulicht.

Assoziationen zur Farbe Blau sind Harmonie, Sympathie,
Ferne, Unendlichkeit, Freundschaft, Vertrauen und Verläss-
lichkeit. Verständlich, dass viele Unternehmen diese Farbe
als Hausfarbe wählen.

Doch neben allen Vorzügen einer Farbe ist auch Differen-
zierung ein wichtiger Aspekt für das Erscheinungsbild eines
Unternehmens. Es lohnt sich, die Farbwahl der direkten
Wettbewerber zu überprüfen und die eigene Entscheidung
entsprechend zu fällen.

[1] Eva Heller: Wie Farben wirken, Rowohlt Verlag 2004

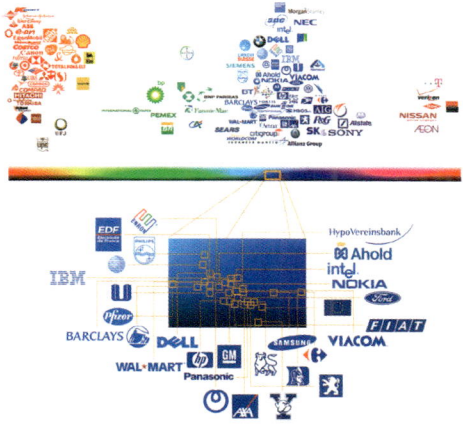

Illustration: Battle for Blue © OMA

AS TIME GOES BY

AS TIME GOES BY

Logos werden im Lauf der Jahre grafisch überarbeitet und auf den Punkt gebracht. Manche
erhalten sogar ein komplett neues Aussehen. Grund
dafür kann ein Firmenzusammenschluss oder
eine neue Produktausrichtung sein oder schlicht
der Wunsch nach einem frischen „Gesicht".

Dieser Rückblick zeigt Logo-Evolutionen und
vergangene Werbemotive.

Bob English, Razorfish,
Alex Hefter, ZDF Corporate Design, 2001

Rolf Gith, 1992

Otl Aicher, 1973

Waldemar Hörnig, 1962

Logoentwicklung des Zweiten Deutschen Fernsehens.

 ZDF, S. 54

Die Shell-Muschel wurde im Laufe der Jahre sieben
Mal überarbeitet, dies sind nur einige Logoversionen.
Die heutige klare Form erhielt das Zeichen durch den
Designer Raymond Loewy.

Shell, S. 120

seit 2003

1998 bis 2002

„Domino" und „Happen" gehören zu den ersten Eissorten von Langnese. Oben am Bildrand sieht man das Markisen-Element, das lange Zeit Teil des Logos war. Heute vereinen sich Herz- und Spiralform zur Langnese-Bildmarke.

seit 2000

1890   *1920*   *1940*

Als der Himmel noch auf
Cuba zu Hause war …

 Bacardi, S. 122

Das Original-Etikett von Martini schmücken normalerweise jede Menge Auszeichnungen, Medaillen, Wappen und allegorische Figuren. Diese Etiketten sind Sondereditionen.

Martini, S. 240

Statt zur Tasse Kaffee wird in dieser Werbung aus den 20er Jahren auf eine weitere Zigarette eingeladen.

Lucky Strike, S. 245

Der besondere Nivea-Schriftzug und die Logofarbe
haben Tradition. Das Werbemotiv stammt von 1967.

 Nivea

Dieses gefährliche Pärchen warb 1948 für Hansaplast
Wund- und Schnellverbände.

Hansaplast

MONTE TESTACCIO: ANTIKE ETIKETTEN

In Rom gibt es neben den berühmten sieben Hügeln
einen merkwürdigen achten – ein Hügel, der nur aus
antikem Müll besteht, genauer gesagt aus Tonscherben
römischer Amphoren: der Monte Testaccio (testae, lat.
Scherbe). Auf über 45 Meter haben sich die Scherben
römischer Einwegverpackungen über die Jahrhunderte
gestapelt. Er entstand auf Grund eines römischen Dekrets
aus dem Jahr 55 v. Chr., nach dem alle Öl-, Wein- und
Getreideamphoren, die im Hafen ankamen, nach der
Entleerung zerbrochen werden sollten. Damit der Müll
aber nicht einfach irgendwo im Tiber versenkt wurde,
legte man einen Ort fest, wo die Scherben streng geordnet
gestapelt werden sollten – die Bäuche auf die eine Seite,
die Henkel auf die andere und die Hälse auf einen dritten
Haufen. Der Berg galt als Statussymbol, da er die Menge
der Tributzahlungen an Rom repräsentierte. Die Scherben
durften bis ins 18. Jahrhundert nicht entfernt werden.
Lange Zeit haben Archäologen diesem Hügel wenig
Beachtung geschenkt, da es sich ja lediglich um einen
riesigen Berg antiken Mülls handelte. Inzwischen hat
man sich anders besonnen und untersucht jede Ton-
scherbe genau, um sie zuzuordnen. Auf diese Weise
lassen sich antike Handelswege rekonstruieren.

José Remesal, Archäologe, sagt: „Auf den Amphoren
des Monte Testaccio finden wir Aufschriften, die ver-
gleichbar sind mit heutigen Etiketten. Sie geben uns
umfassende Informationen: über das Leergewicht der

Amphore, den Inhalt und den Namen des Händlers sowie Zollkontrollen, Transportweg und Datum. Daher wissen wir, wer die Amphoren transportiert hat, woher sie stammen und wann sie verschickt wurden."*

*ZDF wissen&entdecken, Metropolis Rom, www.zdf.de

Bild: http://ceipac.gh.ub.es/MOSTRA/u_expo.htm

 Urheber-Identifikation, S.62

SUPERHELDEN – PROFIS DURCH LOGO

Comic-Superhelden sind in ihrem Privatleben ganz unauf-
fällige Personen. Kommt es jedoch zu einer Notsituation,
so schlüpfen sie in ihre auffällige Arbeitskluft. Diese trägt
stets ein Logo auf der Brust, das kommuniziert: „Hier
kämpft Superman, nicht Batman." Das Superhelden-Logo
ist damit ein Zeichen der sozialen Identifikation – aber
das ist noch nicht alles! Das Logo sowie der zugehörige
Dresscode grenzen das Private ab und führen zur Konzen-
tration auf das Wesentliche: die reine Professionalität. Im
Fall von Superman und seinen Kollegen und Kolleginnen
ist diese Abgrenzung so extrem, dass die Existenz der
Privatperson ganz hinter der professionellen Identität
verschwinden muss. Menschen, denen Superman aus der
Patsche hilft, sind im Moment ihrer Rettung auch nicht
an seiner Privatperson interessiert. Sie erwarten, dass der
Superheld seine Arbeit erledigt. Schließlich ist er der Kerl
mit dem seltsamen Anzug und dem Logo auf der Brust,
und er erhebt offensichtlich Anspruch auf diesen Job.

Im wirklichen Leben geht es weniger dramatisch zu,
dennoch gilt: Ein Logo ist selten Privatsache! Im Fall eines
Unternehmens schaffen das Logo und das Corporate Design
eine Firmenidentität. Die Visitenkarte, das Briefpapier,
ein Aufnäher an der Arbeitskleidung oder eine Fahrzeugbeschriftung identifiziert den Mitarbeiter als Teil des
Unternehmens. So entsteht ein konsistentes Bild nach außen
und innen, das zugleich den Anspruch auf Kompetenz und
Professionalität erhebt, unabhängig von Einzelpersonen.

Zur echten Superheldin fehlt ihr einfach das Logo!

Soziale Identifikation, S. 60

TIERE

In den meisten Kulturkreisen haben Tiere unabhängig von ihrer Eigenschaft als Beute, Arbeitstier oder natürlicher Gegner eine zusätzliche symbolische Bedeutung. Sie stehen für Sternzeichen und Gottheiten oder treten in Fabeln und Märchen auf. Tierdarstellungen gibt es schon seit der Frühgeschichte, die Höhlenmalerei von Lascaux entstand beispielsweise schon um 15000 vor Christus. Im Mittelalter waren Tiere im europäischen Raum ein beliebtes Wappenmotiv. Die Tiere stehen dabei für bestimmte Eigenschaften, sie werden auf eine Kernkompetenz reduziert, mit der sich der Wappenträger schmücken will. Welche Eigenschaft einem Tier zugeschrieben wird, hängt vom kulturellen Hintergrund ab: In der griechischen Mythologie begleitet die Schlange als heiliges Tier den Gott der Heilkunst, Äskulap. In der christlichen Symbolik hingegen steht die Schlange meist für das Böse, Verrat und Falschheit. Ein Wappentier nimmt gelegentlich auch auf eine Legende oder auf den Namen des Trägers Bezug. Auch heutzutage noch werden Tiere mit bestimmten Eigenschaften verknüpft: schlauer Fuchs, dumme Gans, Adlerauge, verschlossene Auster … diese Liste lässt sich unendlich fortsetzen. Sogar im unpoetischen Aktiengeschäft geht es nicht ohne Tiersymbolik: An der Börse steht der Bär für fallende, der Stier für steigende Kurse.

Der sechsbeinige Hund ist das Markenzeichen des italienischen Energiekonzerns Eni und den zugehörigen Agip-Tankstellen. Ganze 30 Jahre wusste niemand, wer das Logo mit dem mysteriösen Tier entworfen hatte. Wie war das möglich? Als 1952 die Eni einen Wettbewerb für den Entwurf eines neuen Markenzeichens ausschrieb, stand die Teilnahme allen Italienern offen. Das Preisgeld betrug 10 Millionen Lire (ca. 5164 Euro). Es wurden daraufhin 4000 Skizzen eingereicht, über die sich die Jury in 14 Sitzungen den Kopf zerbrechen durfte. Schließlich fiel die Wahl auf den sechsbeinigen Hund. Der Urheber der Skizze ließ sich jedoch nicht so einfach ausmachen, denn sie war nur von einem Mittelsmann namens Giuseppe Guzzi eingereicht worden. Diese Tatsache gab natürlich Anlass zur Legendenbildung; man vermutete, dass ein bekannter Künstler hinter dem Entwurf steckte und unerkannt bleiben wollte. Erst 1983, nach dem Tod des Künstlers Luigi Broggini, nannte sein Sohn diesen als Urheber des Logos. Luigi Broggini war Bildhauer und in den Jahrzehnten nach dem

Zweiten Weltkrieg einer der wichtigsten bildenden Künstler Italiens. Nach seinem Tod ließ sich nicht mehr ermitteln, wodurch sein Entwurf inspiriert worden war. Die offizielle Auslegung der Eni-Pressestelle in den fünfziger Jahren besagte, dass die sechs Beine des Hundes für die vier Räder des Autos und die beiden Beine des Fahrers stünden und eine Art modernen Zentaur darstellten. Heute vermutet man eine Beeinflussung durch die Nibelungensage. Eine weitere Parallele bietet die afrikanische Tiermythologie: Hier gibt es häufiger sechsbeinige Tiere, Löwen oder Leoparden, die eine außergewöhnliche Stärke symbolisieren sollen. 1998 erhielt der niederländische Designer Bob Noorda den Auftrag, das Erscheinungsbild der Eni zu modernisieren. Er hatte bereits 1972 das Zeichen überarbeitet und das Gesamterscheinungsbild der Eni entworfen. Bob Noorda: „Diesmal war alles anders. Es war wirklich viel einfacher, den Hund mithilfe des Computers zu kürzen anstatt mit einer Schere wie in den Jahren zuvor!"

 **Agip, Eni Group**
Design: Luigi Broggini, 1952

 **Lufthansa**

Per Flugzeug können Menschen das, was sie bei den Vögeln stets beneideten: fliegen! Das Lufthansa-Kranich-motiv stammt aus dem Jahr 1918 und war ursprünglich das Markenzeichen der Deutschen Aero Lloyd (DAL). Die Unternehmensfarben Gelb und Blau gehen auf die Firma Junkers Luftverkehr zurück, mit die die DAL 1926 fusionierte, womit die Deutsche Luft Hansa geboren war. Ab 1933 wird die Lufthansa in einem Wort geschrieben. Der Kranich und die Form der Farbflächen wurden im Laufe der Jahre immer wieder verändert, aber der elegante Flug des stilisierten Vogels blieb dabei immer erhalten.

 **Lufthansa**
Design: Otto Firle, 1918

Heinrich Nestle wurde 1814 in Frankfurt am Main geboren. Sein Familienname stammt aus dem Schwäbischen und bedeutet „kleines Nest". Als er sich in der Schweiz niederließ, passte er seinen Namen der französischen Aussprache an: Henri Nestlé. Seinen großen Durchbruch hatte Henri Nestlé erst im Alter von 53 Jahren, als er das so genannte Kindermehl erfand, den ersten Muttermilchersatz für Säuglinge. Als Firmenlogo für die Produktion verwendete er sein Familienwappen. Das Nestmotiv mit dem fütternden Vogel war wie geschaffen für dieses Produkt und die weitere Ausrichtung des Unternehmens auf Nahrungsmittel. Einer seiner Mitarbeiter schlug vor, das Nest gegen das weiße Kreuz der Schweizer Flagge zu tauschen. Nestlé lehnte das strikt ab: Ein Kreuz könnte schließlich jeder verwenden, aber sein Familienwappen nicht! Das Zeichen wurde inzwischen mehrfach überarbeitet, es illustriert aber weiterhin anschaulich Name und Branche des Unternehmens.

 **Nestlé**

Gründer der Firma und Erfinder des Poloshirts war René
Lacoste, französischer Tennisstar der 20er Jahre. Die damals
üblichen langärmligen Tennishemden waren ihm einfach zu
unbequem: Er ließ sich also Hemden mit kurzen Ärmeln
nach seinem Geschmack schneidern. Das Logo basiert auf
einer Wette, bei der es um eine Krokodilledertasche ging.
René Lacoste verlor, aber erhielt den Spitznamen Krokodil.
Das erste Krokodil-Zeichen entwarf ein Freund und Sports-
kollege. Zunächst zierte das Tier nur Lacostes persönlichen
Blazer. Später wurde es zum offiziellen Markenzeichen von
„Chemise Lacoste", der Marke, die René Lacoste gemeinsam
mit dem Textilfabrikanten André Gillier 1933 ins Leben rief.
Lacoste war die erste Firma, die ihr Logo vorne sichtbar
und dekorativ auf einem Kleidungsstück anbrachte.

 Original und Fälschung, S. 314

 Lacoste
Robert George, 1927

Wieder einmal soll eine Sekretärin für die Namensgebung eines Produkts verantwortlich sein: Joan Coles arbeitete für den Verleger Allen Lane, als er ein würdiges, aber unbeschwertes Tier als Markenzeichen für seine neue preiswerte Taschenbuchserie suchte. Sie schlug ihm einen Pinguin vor. Das Zeichen entwarf Edward Young, der auch für die Gestaltung der ersten Cover der Serie im Jahr 1935 verantwortlich war. Die Puffin-Kinderbuch-serie kam später hinzu. Die heutige Fassung der beiden Logos wurde von der Agentur Pentagram gestaltet.

 Penguin
Edward Young, 1935

Der Hase als Playboy der Tierwelt wurde zum Markenzeichen des Männermagazins. Der Smoking verleiht dem Tier die angemessene Raffinesse.

 Playboy
Design: Arthur Paul, 1953

die tageszeitung

Die Abkürzung der Tageszeitung ist TAZ, die Bildmarken-„TAZZE" ist also zugleich eine phonetische Anspielung auf den Namen.

Die Tageszeitung
Design: Sehstern, ca. 1985

Schon im Jahr 1900 war das Bildzeichen der Firma
Shell eine Muschel. Diese wurde im Laufe der Jahre
viele Male verändert, ihre heutige Prägnanz verdankt sie
jedoch der Überarbeitung durch den Designer Raymond
Loewy. Der Design- und Überarbeitungsprozess dauerte
mehr als vier Jahre (1967-1971), in deren Verlauf unter
anderem verschiedene Prototypen in der Nähe von Auto-
bahnen installiert und auf ihre Signalwirkung getestet
wurden. Die Arbeit hat sich gelohnt: Das Zeichen ist
zeitlos und seit dem nahezu unverändert im Einsatz.

 As Time Goes By, S. 99

 Shell
Design: Raymond Loewy, 1971

Die Fliege repräsentiert einen regionalen Barführer. Zum einen spielt sie auf den englischen Begriff der „Barfly" (Barfliege) an, des Dauergasts an der Theke, zum anderen verweist sie auf die Qualitäten des Barführers, der sich quasi auf dem Rundflug in der Region die besten Bars herauspickt.

 **Barflight**
Design: Angela Strecker, mimono

Die Fledermaus gilt im spanischen Kulturkreis als Glücksbringer. Fledermäuse hatten es sich auch in der ersten Bacardi-Destille im Dachgebälk gemütlich gemacht – daher schlug Doña Amalia nach einer Besichtung der Destille ihrem Mann vor, eine Fledermaus als Markenzeichen für seinen Rum zu verwenden. Seit 1862 steht das Tier nur für den Bacardi-Rum. Das Logo wurde viele Male grafisch überarbeitet, dem Fledermausmotiv ist man jedoch stets treu geblieben.

 As Time Goes By, S. 101

 **Bacardi**
Design: 1862

Dieser Logoklassiker basiert auf einem Gemälde von
Francis Barraud, auf dem er seinen Hund Nipper verewigte.
Nachdem er das Bild erfolglos der Edison Bell Company
angeboten hatte (deren Phonograf darauf abgebildet war),
kaufte es 1899 die Londoner Gramophone Company, unter
der Bedingung, dass das abgebildete Gerät in die eigene
Marke, ein „Berliner"-Grammophon geändert wurde.

The Image of Nipper and the Gramophone is a registered trade mark of HMV Group plc through
HMV (IP) Limited and reproduced here by the kind authorisation of HMV Group plc.

 HMV Group plc
Design: Francis Barraud, 1899

Reelport

Reelport ist eine Internetplattform. Hier können Filme zu europäischen Filmfestivals und Filmmärkten eingereicht werden. Die maritime Anmutung des Entwurfs basiert auf der Doppelbedeutung des Namens – reel = „Filmrolle", port = „Rechneranschluss" und zugleich „Hafen". Der Albatros im Besonderen steht für Kraft, Geschwindigkeit, Grenzenlosigkeit, verkörpert aber auch Wärme und Humor.

 **Reelport**
Design: moculade design, 2004
Illustratorin: Christina Zemelka

Der Hirsch ist längst Sinnbild für eine bestimmte Art deutscher Wohnzimmereinrichtung. Mit ihm werden massives Eichenholz, rustikales Jagdumfeld und Spießigkeit assoziiert. Dieses Image wird hier bewusst in Kontrast zu modernem Life-Style gesetzt, da das Logo für ein zeitgeistiges Freizeitprodukt (Skateboard) steht. Der Einsatz der Frakturschrift treibt das Ganze auf die Spitze. Zugleich wird die positive Assoziation zum Handgemachten aus hochwertigem Material für das Produkt genutzt.

 Eifelbretter
Design: Sebastian Dörken, 2003

LOGOS IN DIVERSEN MEDIEN

Ein Logo muss sich in vielen Medien beweisen. Nicht jedes Logo wird im Großformat an eine Häuserwand montiert werden oder als Fahrzeugbeschriftung dienen. Aber es sollte mindestens das Fax und die Anwendung im Internet schadlos überstehen können.

Hier eine (bestimmt nicht vollständige) Liste der möglichen Medien und Umsetzungen:

1) Druck: Geschäftsausstattung (Briefpapier, Visitenkarte)
2) Fax, Stempel, Fahrzeugbeschriftung
3) Screen: Internet und Handydisplay, TV und Kino
4) Außenwerbung und Beschilderung
5) Akustik: Radio, Handy und Internet
6) Animation: Bewegung des Logos, Internet/TV/Kino

DRUCK

Für den Druck einer Geschäftsausstattung muss wie überall das Budget zunächst geklärt sein. Technisch ist alles drin: vom einfachen einfarbigen Druck auf schlichtem Naturpapier bis zur Blindprägung auf Büttenpapier mit Goldschnitt.

Allgemein gängig ist ein zweifarbiger Druck. Bei der Farbentscheidung wird mit einem Farbfächer gearbeitet, der die Volltonfarben getreu wiedergibt. Trotz des genauen Farbmusters muss man auf einige Dinge achten: Betrachten Sie das Muster oder einen etwaigen Farbproof bei Tageslicht – Neon- und anderes Kunstlicht verfälschen Farben extrem.

Die Farben wirken erst durch das Papier, auf dem sie gedruckt sind. Ein Rot auf rein weißem Papier erscheint völlig anders als auf einem getönten Naturpapier. Wie wirken Farbkombinationen? Wenn eine Farbe auf einem Farbfond gedruckt wird, erhält dieser scheinbar einen Farbstich in Richtung Schriftfarbe: Schrift und Hintergrund vereinen sich optisch zu einer Farbtendenz. Achtung bei Farbtonwerten (Prozentabstufungen einer Farbe): In welche Richtung tendiert eine Farbe plötzlich? Ein sattes Blau kann in Prozentwerten rosig-lila werden, da in einem Dunkelblau ein starker Rotanteil enthalten ist, der in einem 50%-Farbton völlig anders gewichtet unangenehm in den Vordergrund tritt.

FAX & CO

Ein Logo wird gerne in „Schönwetter"-Form präsentiert, das heißt unter den bestmöglichen Umständen. Interessant wird es jedoch, wenn das Logo in Extremsituationen gerät. Was geschieht, wenn man es auf ein mieses **Fax** legt, wie wird es mit den Klecksen und Streifen und der einfarbigen Darstellung fertig?

Eine einfarbige Umsetzung ist auch bei **Folienbeschriftungen** für den Einsatz auf Fahrzeugen oder Schaufenstern interessant. Das Logo wird dann auf einer einfarbigen Folie mit einem Plotter genau ausgeschnitten. Verläufe lassen sich nicht ausplotten. Alternativ gibt es Klebefolien, auf die vierfarbig ausgedruckt werden kann, dann sind auch Effekte wie Verläufe und Blenden möglich – die Frage ist, was sich beim schnellen Vorbeifahren oder unter Schlechtwetterbedingungen optisch besser erfassen lässt und welches Medium länger farbecht bleibt.

Klassiker unter den einfarbigen Medien ist der **Stempel**. Anwendungsbedingt wird seine Druckqualität immer unterschiedlich ausfallen – mal verwischt und verwackelt das Ergebnis, mal ist der Farbauftrag unregelmäßig. Das ist kein Drama, der Stempelcharakter soll ja auch Aktualität und Schnelligkeit vermitteln, wichtig ist nur auch hier: Erkennt man das Logo noch?

INTERNET

Logos müssen für den Gebrauch im Internet optimiert
werden. Anders als bei Print-Produkten kann man beim
Medium Internet nicht das Endergebnis beim Betrachter
kontrollieren: Dieses hängt vom Betriebssystem, vom
Monitor und von der Grafikkarte des Betrachters ab. Wer
kein Risiko eingehen will, sollte sich farblich auf websichere Farben beschränken: 216 Farben, die plattform-
unabhängig funktionieren. Wem diese eingeschränkte
Farbpalette nicht genügend Freiraum bietet, kann
selbstverständlich ein breiteres Farbspektrum verwenden.
Verfügt ein Computer allerdings nur über eine 8-Bit-
Darstellung (256 Farben), werden Farben per Dithering
mit der eingeschränkten Palette simuliert. Was dabei
herauskommt ist Glückssache. Allerdings sind heute 16,7
Millionen Farben fast überall Standard, aber eben nur fast.
Strich- und Schriftgrafiken speichert man am besten
im GIF-Format, Fotos im JPEG-Format. Für Logos
eignet sich daher das GIF-Format besser.

Websichere Farben im Farbwähler von Adobe Photoshop

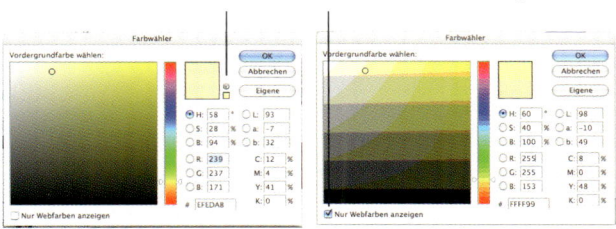

INTERNET: DAS FAVICON

Viele Internetseiten haben inzwischen ein besonderes
Logoformat in petto: das Favicon, das kleine Logo, das
neben der URL im Adressfenster des Browsers auftaucht
und – falls man die Seite mit einem Lesezeichen versieht
– auch im Lesezeichenmenü erscheint. Dieses Icon ist
meist nur 16 mal 16 Pixel groß, auf 256 Farben reduziert
und soll trotzdem eine erkennbare Version des Logos
darstellen. Es gibt verschiedene Methoden, mit dieser
Herausforderung umzugehen, hier gleich einige davon:

1) Das Logo wird 1:1 verkleinert, wenn es
   das quadratische Format erlaubt.
2) Die Bildmarke des Logos wird ohne
   Wortmarke verkleinert.
3) Eine neue Variante des Logos wird für dieses
   Format angepasst, Grundlage ist ein Detail
   des Ursprungslogos, das für das quadratische Miniformat grafisch optimiert wird.
4) Ein neues Icon wird entworfen, unabhängig vom Produkt.
5) Es ist kein Icon vorhanden.

 Eine technische Anleitung, wie man ein Favicon
erzeugt, findet man übrigens unter: www.favicon.de

Die Favicons erscheinen
auch im Favoriten-
Menü des Browsers.

Unter der Lupe: Ein Favicon besteht nur aus 16x16 Pixeln.

1) Das komplette Logo wird zum Favicon verkleinert.

 COMMERZBANK

2) Die Bildmarke wird ohne Wortmarke als Favicon genutzt.

3) Eine optimierte neue Logovariante wird erstellt.
Das Spiegel-Online-Favicon funktioniert als Akronym:
spon! Wer genau hinsieht, stellt fest, dass es sich nicht ein-
fach um einen Detailausschnitt des Online-Logos handelt.
Die vier Buchstaben bilden ein harmonisches Quadrat.

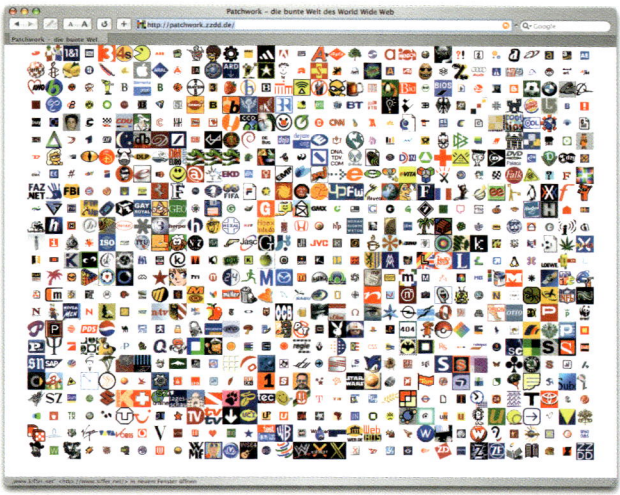

Manche sammeln Briefmarken, andere Favicons.
Diese liebevolle Zusammenstellung von 768 Favicons
ist komplett mit den jeweiligen Ursprungsseiten verlinkt!

www.patchwork.favicon.de

AUSSENWERBUNG & BESCHILDERUNG

Je nach Art des Geschäfts oder Produkts wird ein Logo auch
für Außenwerbung und Beschilderung eingesetzt. Wie eine
Beschilderung mit Firmenlogo ausfällt, hängt von verschiedenen Faktoren ab. Ein wichtiger Punkt ist die Auflagenhöhe:
Ein einzelnes Schreibwarengeschäft kann natürlich ein kunst-
volles Messingschild verwenden, wenn aber die Deutsche
Bahn auf den Bahnhöfen im ganzen Land ihr Logo anbringt,
muss ihre Beschilderung möglichst einfach produzierbar und
kostengünstig sein. Durch die enorme Auflagenhöhe machen
sich schon geringe Preisunterschiede stark bemerkbar.

Welchen Stellenwert hat die Beschilderung für das
Geschäft des Kunden? Ein Anwalt wird weniger auf
Laufkundschaft angewiesen sein als der eben genannte
Schreibwarenladen und will auch eine andere Außen-
wirkung erzielen als beispielsweise ein Imbiss.
In welchem Umfeld wird die Beschilderung zu sehen sein?
Wird sich das Logo gegen den visuellen Lärm, den es umgibt,
durchsetzen können? Kann sich aus dem örtlichen Zusammenhang ein ungewollter inhaltlicher Kontext
ergeben („zeigt" das Logo auf etwas Unerwünschtes, wie
wirkt es in Kombination mit der Umgebung?) Gibt es
Regeln für Außenwerbung und Beschilderung in diesem
Umfeld? Die Galleria Vittorio Emanuele II in Mailand
verlangt z.B. von den dort ansässigen Geschäften eine
Fensterbeschriftung mit goldener Wort-Bildmarke auf
schwarzem Grund. Sogar McDonald's erscheint dort in
ungewohntem Gold auf Schwarz statt kräftigem Gelb.

Wird das Logo mit hinweisenden Elementen verbunden,
als Teil eines Wegleitsystems? Wenn ja, darf das Logo keine
verwirrenden richtungsweisenden Elemente enthalten,
die im Gegensatz zur Beschilderungsrichtung stehen.
Wie sieht es mit der Tag/Nacht-Wirkung des Logos und
seiner Außenumsetzung aus? Wird es beleuchtet sein?
Wie? Oft wird noch ein ganz scheinbar nebensächlicher
Faktor bei der Planung der Außenbeschilderung übersehen,
der aber für das Gesamtbild entscheidend sein kann:
Wie sieht die Aufhängung der Beschilderung aus?

 Auch die Aufhängung
will bedacht sein:
Tiere, S. 110

STREETLIFE

STREETLIFE

Mindestalter oder Hausnummer?

Ein Logo existiert nicht nur auf dem Papier – häufig ist
es Teil des öffentlichen Straßenbilds. In diesem Kontext wirkt es ganz anders als isoliert auf einer Buchseite.
Manche Zeichen entwickeln erst im Dunkeln ihren
besonderen Reiz, andere sind in der Kombination mit
der Umgebung besonders betrachtenswert. An dieser
Stelle also eine Fotostrecke aus dem wahren Leben.

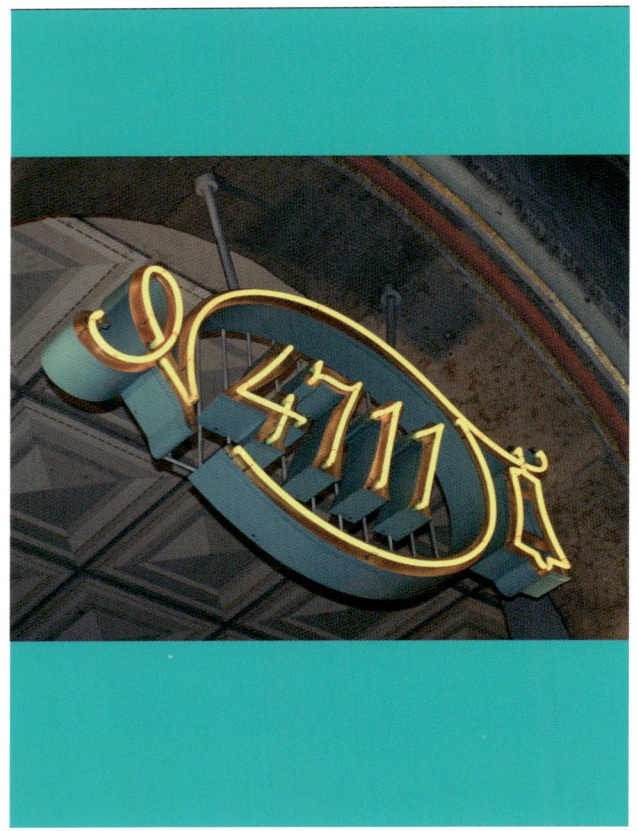

Vielleicht die berühmteste Hausnummer der Welt:
4711 in der Glockengasse

Ein kölsches Original:
Analoge Logoanimation via Neonwerbung von Reissdorf

Ta- oder Trom-…?
Die Außenwerbung verrät es nicht mehr.

Wenn es bei der Bank nicht klappt, dann vielleicht beim Lotto?

Aufmerksamkeit erreicht man durch außergewöhnliche Platzierung …

... oder durch elegante Umsetzung.

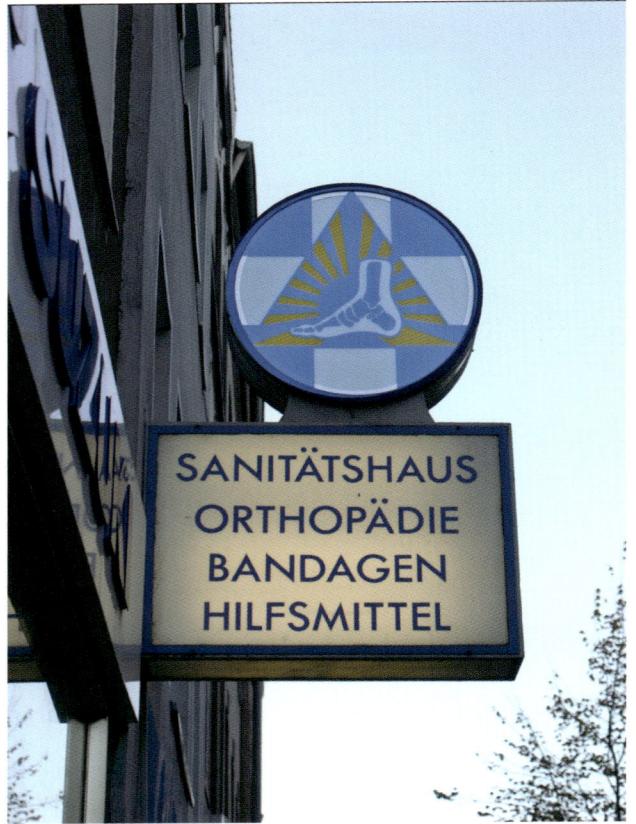

SANITÄTSHAUS
ORTHOPÄDIE
BANDAGEN
HILFSMITTEL

*Hier sind alle Formen ausgeschöpft – Kreuz, Kreis, Dreieck,
Strahlen. In der Mitte der Kern der Sache: der Fuß samt Knochen.*

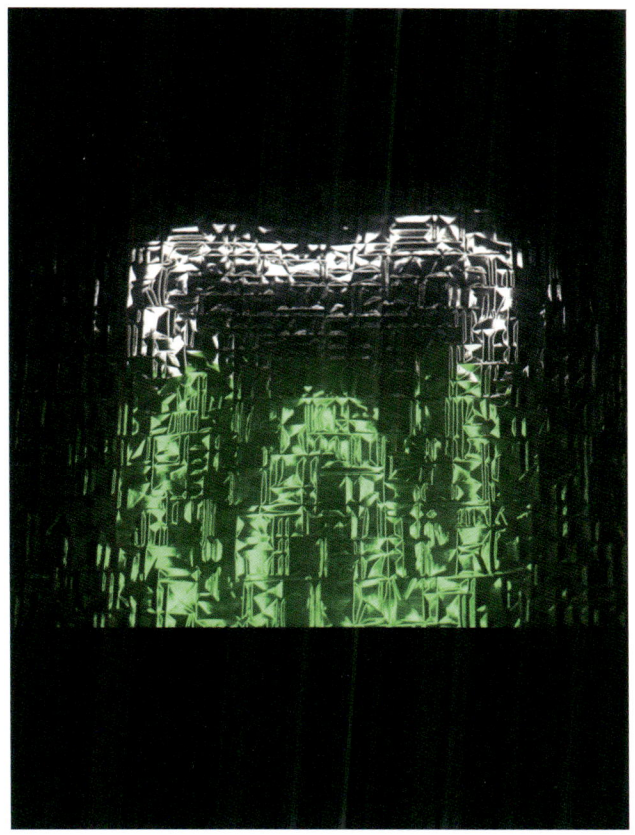

Selbst durch das geriffelte Glas erkennt man das Metier des Inhabers.

*Ein Buchstabe durchbricht das Einerlei und
verleiht dem Schriftzug Aufmerksamkeit.*

Ein Glück für das „i", dass es Serifen hat,
eine Arial wäre hier durchgefallen.

Die Schatten wirken wie Augen in der leuchtenden Brille.

Die Brille hier ist nur Accessoire.
Aufs weltmännische Profil kommt es an.

Im Mittelalter würde man ein solches Zeichen als „redendes" Wappen bezeichnen.

Brot oder Finger?

DIE LEHRE DER ZEICHEN: SEMIOTIK

Semiotik ist die allgemeine Lehre und Analyse von Zeichen, Zeichensystemen und Zeichenprozessen – in unserem Fall: Logos.
Die Beschäftigung mit diesem Thema lohnt sich, denn es birgt wertvolle Methoden zur Logo-Ideenfindung und Klassifizierung.

Die Lehre der Zeichen unterteilt sich in drei weitere Felder: **Semantik** (Inhalt), **Syntaktik** (Form) und **Pragmatik** (Funktion).

In diesem Kapitel werfen wir einen Blick auf die Semantik.

SEMANTIK

Welche Bedeutung hat ein Zeichen? Um die Aussage eines Zeichens zu erfassen, versucht man, es einer von drei logischen Kategorien zuzuordnen:

1. Icon
2. Index
3. Symbol

Diese Kategorien definieren die Beziehung zwischen dem Zeichen und dem Objekt, für das es steht. Ein Logo kann ein Icon, ein Index oder ein Symbol sein, manchmal sogar alles drei.

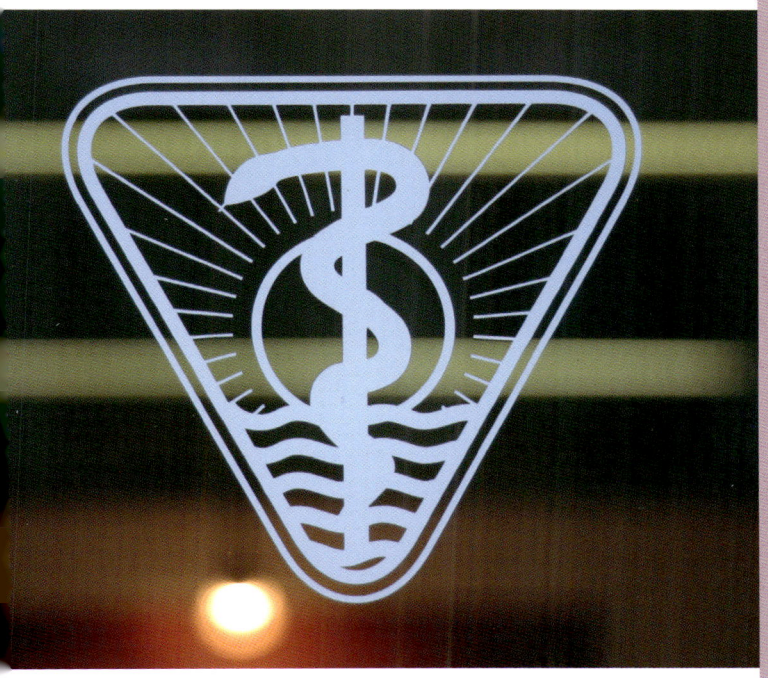

Begründer der modernen Semiotik waren Charles Sanders Peirce (1839 bis 1914), Ferdinand de Saussure (1857 bis 1913), Charles William Morris (1901 bis 1979) und Louis Hjelmslev (1899 bis 1965).

SEMIOTIK/SEMANTIK/ ICON

Ein Icon basiert auf der Ähnlichkeit zum Objekt.

Das Icon als Bild:
Ein bildhaftes Icon bildet das Objekt, für das es steht, ab.
Die Darstellungsform kann dabei von einer Fotografie bis
hin zu einer abstrahierten Linienzeichnung reichen. Wichtig
ist nur, dass der Inhalt noch erkennbar ist.
Ein Beispiel für ein solches Zeichen wäre die Brezel für
einen Bäcker. Der Sinn ist schnell erfasst: Eine Brezel, hier
wird gebacken!
Ein schlüssiges Bildzeichen zu finden, ist jedoch nicht
immer so einfach. Zum einen sind nicht alle Dienstleistungen so klar und eindeutig mit einem ansprechenden
Produktbild umfassend und angemessen beschreibbar, zum
anderen ist es wichtig, sich von der Konkurrenz gleichen
Inhalts abzuheben.

Das Icon als Diagramm:
Das Diagramm bildet ein Objekt schematisch ab. Eine Akti-
enindexlinie wäre so ein Zeichen für einen Finanzberater.
Die Zeichnung einer Stromschaltung für einen Elektriker.

Das Icon als Metapher:
Das metaphorische Icon hat einen konzeptionellen
Bezug zum Inhalt. Das Zeichen ist im übertragenen
Sinne zu verstehen und bildet nicht den direkten
Inhalt ab. Wenn eine Versicherung einen Schild als
Zeichen wählt, ist klar, dass diese Firma keine Ritter-
rüstungen verkauft, sondern Schutz vermitteln will.
Das Verständnis von metaphorischen Zeichen hängt jedoch
vom kulturellen Umfeld ab: Auch ein harmloses Objekt
wie ein Schild mag in unterschiedlichen Kulturen nicht
unbedingt die gleiche Bedeutung haben. Ein metaphori-
sches Zeichen ist also ein erlerntes Zeichen, für das man
nicht immer weltweites Verständnis voraussetzen kann.
Wird das Zeichen international genutzt, ist eine sorgfältige
Recherche nötig, um unangenehme Doppelbedeutungen
zu vermeiden.

SEMIOTIK/SEMANTIK/INDEX

Ein indexikalisches Zeichen ist ein hinweisendes Zeichen.
Es hat die Funktion, die Aufmerksamkeit auf ein Objekt
zu lenken, ohne selbst eine Bedeutung zu haben. Es
ist örtlich an das Objekt gebunden, für das es steht.
Es kann dabei kennzeichnenden Charakter haben oder
ein Indikator für einen kausalen Zusammenhang sein.

Kennzeichnung/Hinweis:
Eine Schere an einem Ladenlokal weist auf einen Friseur oder Schneider hin, auf einer Verpackung bedeutet sie: „Hier öffnen".

Die Bedeutungsänderung je nach örtlichem Kontext ist ein Aspekt, den man bei der Logo-Entwicklung beachten muss. In welcher Umgebung wird das Logo zu sehen sein? Ergibt sich durch den Kontext eine unerwünschte neue Bedeutung?

Indikator/Ursache: Das Zeichen ist ein Indiz für seine Ursache: Rauch ist ein Indikator für Feuer. Ein Lächeln kann Indikator für die gute Stimmung einer Person sein. Schweiß auf der Stirn ist ein Indikator für Hitze oder Angst.

Ein Logo für einen Hobel könnte zum Beispiel als indexikalisches Zeichen Späne zeigen: Wo Späne sind, wurde gehobelt.

SEMIOTIK/SEMANTIK/SYMBOL

Symbole haben keinerlei Ähnlichkeit mit ihrer
Bedeutung. Sie sind kurz gesagt völlig frei gewählt.
Es gibt weder eine optische Ähnlichkeit noch einen
Zusammenhang auf konzeptioneller Ebene mit dem
Objekt, für das sie stehen. Es gibt also auch keinen
übertragenen Sinn, in dem wir das Zeichen mit dem
bezeichneten Objekt in Verbindung bringen können.

Zeichen müssen grundsätzlich erlernt werden. Im
Fall von Symbolen macht es der fehlende inhaltliche
oder konzeptionelle Bezug besonders schwer.
Der Buchstabe „B" hat zum Beispiel nichts mit dem
Laut, für den er steht, zu tun. Man hat ihn völlig
„unmotiviert" ausgewählt und zugeordnet.

Je nach Standpunkt ist ein Apfel als Logo für eine Computerfirma ein völlig willkürliches Symbol. Es hat weder einen konzeptionellen Bezug zur Tätigkeit der Firma noch eine optische Ähnlichkeit. Wer den metaphorischen Bezug des Apfels als Sinnbild der Versuchung und Erkenntnis nicht kennt, dem erscheint das Zeichen völlig frei gewählt.
In Bezug auf den Firmennamen ist jedoch inkonografisch, es bildet schlicht den Namen ab.

SEMIOTIK/IDEENFINDUNG

Man muss diese Kategorien und Begriffe der Semiotik und Semantik nicht auswendig erklären können. Sich ihrer Existenz bewusst zu sein reicht, um bei der Ideenfindung gezielt in unterschiedlichen Richtungen zu arbeiten.

Vielleicht geht es nicht weiter, weil man die ganze Zeit verbissen versucht, ein Logo mit bildhaftem Icon-Charakter zu entwerfen. Wie wäre es dann mit etwas Metaphorischem? Oder ein frei gewähltes Symbol?

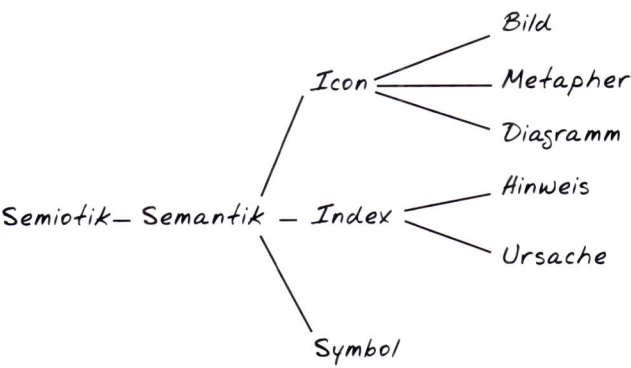

Dies ist nicht nur eine trockene Grafik, sondern auch
ein Plan mit unterschiedlichen Wegen, auf denen
Sie sich bei der Ideenfindung bewegen können!

„CORPORATE IDENTITY" DES DRITTEN REICHS

„Die Nationalsozialisten entwickelten als Erste konsequent das Prinzip der Corporate Identity. Schon 1920 war die Hakenkreuzfahne als Partei-‚Logo' entworfen worden – mit Adolf Hitler als ‚Werbeträger'. Das NSDAP-Organisationsbuch legte bis ins Detail das Erscheinungsbild der Partei fest, von Form und Farbe der Uniformen bis zum Briefkopf. Und der Propaganda-Apparat unter Goebbels übernahm die Öffentlichkeitsarbeit mit einer ‚Marketingstrategie', die äußerst erfolgreich war."

Süddeutsche Zeitung, Feuilleton, 31. August 1999, über die Ausstellung „Schön, ordentlich, deutsch, Design im Nationalsozialismus". Die Ausstellung wurde vom Designbüro „ad acta" konzipiert und war 1999 u.a. im EL-DE-Haus, Köln, zu sehen.

Das „Design-Manual" des Dritten Reichs

*„Alle Bemühungen um die Ästhetisierung der Politik
gipfeln in einem Punkt. Dieser eine Punkt ist der Krieg."*

W. Benjamin, Das Kunstwerk

Die Ausstellung
„Schön, ordentlich,
deutsch, Design im
Nationalsozialismus"
wurde vom Kölner
Designbüro „ad
acta" konzipiert.
Basis der Ausstellung bildete die Diplomarbeit von
Christina Moritz und René Zass (Fachbereich Design, FH
Köln KISD). Ihre designtheoretische Arbeit beleuchtete
den Erfolg des Nationalsozialismus vom gestalterischen
Gesichtspunkt her. Ziel der Arbeit und der Ausstellung war,
eine intensivere Beschäftigung mit dem Thema anzuregen.

*Nachstehender Text zum „Logo" und Flaggenentwurf
ist der Dokumentation der Ausstellung entnommen,
mit der freundlichen Genehmigung von „ad acta".*

Das Hakenkreuz kann man im designtheoretischen
Sinne als „Logo" bezeichnen. Es findet sich in fast
allen Bereichen des nationalsozialistischen Lebens in
verschiedenen abgewandelten Formen und mit anderen
Symbolen kombiniert wieder. Für jede Station innerhalb
der Bewegung, für jede Organisation und jeden Verein
wird es zu einem alle miteinander verbindenden Element.

Flaggenfarben:

Die dominante Farbe war eindeutig das Rot. Weitere
Farben waren Schwarz und Weiß und ergaben sich
aus den Farben der Kaiserzeit und dienten somit der
Unterstreichung des totalitären Systems und der Absage
an die Republik. In dieser Art wurde eine visuelle Verbindung zum „zweiten Reich" Bismarcks hergestellt.

*Im Organisations-
buch der NSDAP
wurden alle
Zeichen und deren
Anwendungen
festgelegt.*

Die Kombination dieser drei Farben zieht eine starke Aufmerksamkeit auf sich. Durch die beiden „unbunten Farben" Schwarz und Weiß wird die ohnehin schon aggressiv-leuchtende „bunte Farbe" Rot in ihrer Wirkung noch verstärkt. Sie leitet dergestalt die Aufmerksamkeit auf die Werbefläche (die Reichsflagge) und gibt sie an die „unbunten Farben" weiter, welche die eigentliche Botschaft (das Hakenkreuz) tragen. Es treffen drei Elemente aufeinander, die benutzt werden, um die Blicke potenzieller Betrachter auf sich zu lenken: Eine Warnfarbe, eine runde Fläche (Punkt) und ein Kreuz. Dass die Farbkombination Schwarz-Weiß-Rot häufiger angetroffen wird, zeigt, dass sie nicht allzu stark vom Nationalsozialismus belegt ist. Selbst wenn sie dem Betrachter in […] sehr ähnlicher Aufteilung entgegentritt. Reziprok bedeutet dies, dass das Hakenkreuz die Hauptinformation darstellt; erst durch dieses Zeichen wird der unmissverständliche Bezug zum Nationalsozialismus hergestellt.

Der Entwurf der Flagge wird Adolf Hitler zugeschrieben. Das Hakenkreuz selbst ist ein Sonnenzeichen, eines der ältesten Symbole der Menschheit überhaupt.

화 장 실
TOILET

INTERNATIONAL

Als Adriaan van Well 1932 die SPAR-Lebensmittel-
kette ins Leben rief, hatte er wohl kaum erwartet, dass
diese ein halbes Jahrhundert später in 34 Ländern der
Welt auftreten würde. Hätte er dann einen anderen
Namen oder ein anderes Bildzeichen gewählt?
Die Herkunft einer Marke und eines Logos kann iden-
titätsstiftend sein. Es hat meist wenig Sinn, nach dem
international absolut fehlerfreien Markennamen und
passenden Logo zu suchen – dieses würde sicherlich
das langweiligste der Welt werden. Man sollte nur vor
lustigen Doppelbedeutungen auf der Hut sein und
den internationalen Möglichkeiten offen begegnen.
Viele globale Unternehmen lassen daher nationale
Varianten ihres Logos erstellen, um eine korrekte Aussprache und lokale Annäherung zu erzielen. Andere
Unternehmen kaufen national bekannte Marken und
behalten deren Namen unter ihrer Dachmarke im
jeweiligen Land bei.
Ein international vergleichbarer Service ist das Post-
wesen aller Länder. Hier treffen nationale Symbole
auf historische Wurzeln und auf ganz pragmatische
Bildelemente.

Adriaan Van Well gründete SPAR 1932 in Holland als freiwillige Kette verschiedener Lebensmittelhändler. Der ursprüngliche Name des Unternehmens lautet „De Spar" – ein Akronym, das aus den Anfangsbuchstaben des Firmenmottos gebildet wurde: „Door Eendrachtig Samenwerken Profiteren Allen Regelmaßig" (durch partnerschaftliche Zusammenarbeit profitieren alle regelmäßig). Spar bedeutet im Niederländischen „Tanne" – die bis heute in 34 Ländern der Welt Logo für das Unternehmen ist. In Deutschland dagegen verstanden die Menschen die Wortmarke vielmehr als Gelegenheit zum Sparen denn als Bezeichnung für eine Baumart. So wurde hier die Tanne als ursprünglich ikonische Bildmarke zum „willkürlichen" Symbol. Im Zuge der Veränderungen auf dem Lebensmittelmarkt hat sich ein Prozess der Wahrnehmungsänderung des Namens SPAR in Gang gesetzt: Er steht heute als Eigenname für eine Lebensmittelkette, die die Rolle des Nahversorgers auf gehobenem Niveau übernimmt.

SPAR
Design: Raymond Loewy, 1968

altes Logo

Das Wort „Hut" bedeutet im Englischen „Hütte".
Das Bildzeichen von Pizza Hut stellt entsprechend das
Dach der Hütte dar. In den USA wird es bei Pizza Hut-
Filialen sogar architektonisch (als Dach des Gebäudes)
umgesetzt. Im Deutschen wird die Marke oft als Hut
(also Kopfbedeckung) gelesen. Sowohl Wort- als auch
Bild-Zeichen führen zur Doppeldeutigkeit. Pizza Hut ist
sich dessen selbstverständlich bewusst und lebt damit.
Hier drei Überlegungen, warum diese Doppeldeutigkeit
wenig schädliche Auswirkung auf die Marke hat:
Der rote Hut hat keine negative metaphorische Bedeutung
im deutschen Sprachraum. Ein runder Hut kann mit der
Form der Pizza assoziiert werden. Ein Begriff in der landes-
eigenen Sprache lässt sich im Allgemeinen besser merken
als eine fremde Vokabel. Man könnte also spekulieren,
dass die unbeabsichtigte Zweitbedeutung im Deutschen
sogar einen integrativen Effekt für die Marke hat.

 Pizza Hut

In Deutschland Langnese,
in Spanien Frigo ...
Diese Karte zeigt noch die
ältere rot-gelbe Logo-Fassung.

As Time Goes By S. 100

ALWAYS COCA-COLA

Die kulturelle Anpassung eines Logos gewährleistet
die korrekte Aussprache und lokale Identifikation. Die
Umsetzung in ein anderes Alphabet ist gestalterisch eine
große Herausforderung, da der Wiedererkennungswert
der Marke überzeugend erhalten bleiben muss.
Das Coca-Cola-Logo hält den kulturellen Anpassungen
stand, da zwei Gestaltungselemente immer wiedererkennbar eingesetzt werden: Die Farbe („Coca-Cola-Rot")
und die markanten zweifachen Schwünge der Schrift.

 **Coca-Cola**
Design: Frank M. Robinson

arabisch

russisch

chinesisch

hebräisch

thailändisch

deutsch

DIE POST – NATIONAL UND INTERNATIONAL

Die Post eines Landes ist ein nationales und zugleich internationales Unternehmen. Ganz pauschal gesagt ermöglicht sie es, Kontakte zu pflegen: per Brief, Telegramm, früher auch per Telefon. Die Post schafft Verbindungen über die Landesgrenzen hinaus, woraus sich der internationale Charakter des Postwesens ergibt. Sie repräsentiert Eigenschaften wie Pünktlichkeit, Schnelligkeit, Zuverlässigkeit, Vertrauen, aber auch zugleich Nationalität und Herkunft. Diese Merkmale spiegeln sich in den unterschiedlichen Post-Logos der Welt wider. Der emotionale Charakter des Briefeschreibens und damit des Postwesens – wie Freude, Neuigkeiten, Fernweh – zeigt sich nicht im Logo, ist jedoch häufig Thema in der Werbung. Betrachtet man die internationalen Post-Logos, findet man im europäischen Raum hauptsächlich das Posthorn als Symbol, häufig in Kombination mit einer Krone. Weitere Motive sind Vögel, Flieger, Briefumschläge und Initialen. Im Folgenden wird das Logo der Deutschen Post unter die Lupe genommen, um Herkunft des Namens, der Farbe und des Horns zu klären. Im Anschluss daran finden Sie eine Auswahl von internationalen Post-Logos, darunter viele europäischer Herkunft, aber auch das Post-Logo von Japan und von Kanada.

 www.upu.int
Hier finden Sie Links zu den Post-Institutionen der Welt.

Die Deutsche Post

1998 wurde das Logo überarbeitet. Wichtigste Änderung war die Definition der Farbe Gelb als Hauptfarbe des Logos, die nun beim Namen und Zeichen immer mitgeführt werden muss. Das Horn wurde komplett neu gestaltet: Die komplizierten Rundungen wurden vereinfacht, die Blitzform der Kordeln entfernt, da diese ursprünglich für die Telekommunikation standen. Das Ergebnis ist eine moderne und leichtere Form. Bei der Logoschrift fiel die Wahl auf die Frutiger Bold, da ihr „t" und „s" harmonisch zueinander stehen. Die Buchstaben wurden insgesamt nur minimal nachbearbeitet. Die Frutiger dient auch als Hausschrift der Post.

 **Deutsche Post**
  Design: Nitsch Design, 1998

Der **Name** „Post" stammt aus dem Lateinischen: Kaiser Augustus richtete ein Nachrichtensystem ein, das das gesamte Römische Reich umfasste. Die römischen Boten konnten an den zahlreichen dafür eingerichteten Stationen ihre Pferde wechseln und ausruhen. Diese Stationen hießen mutatio posita (Wechselstation) oder mansio posita (Raststation). Aus diesen Begriffen entwickelte sich das deutsche Wort Post. Die römische „Post" diente allerdings militärischen Zwecken und war Privatleuten kaum zugänglich. Die Wurzeln der heutigen Post gehen auf das Jahr 1490 zurück, als Franz von Taxis im Auftrag der Habsburgischen Familiendynastie ein Kuriernetz einrichtete.

In der **Farbgebung** richteten sich die Thurn und Taxis nach den deutschen Reichsfarben des Kaisers Maximilian: Gelb und Schwarz. Diese Farben wurden für die Uniformen ihrer Postillione eingesetzt, gelbe Jacken mit schwarzen Aufschlägen. Mit diesen Farben war die Post als kaiserlicher Kurierdienst erkennbar.

Die Farben der Post wechselten abhängig von Landesfarbe und Auftraggeber, in Preußen war das z. B. Dunkelblau und Orange. Für die Postfuhrwerke wurde jedoch meist die Farbe Gelb beibehalten, da sie eine große Signalwirkung hat. Jedoch wurde erst 1946 auf Beschluss des Alliierten Kontrollrats die Farbe Gelb als einheitliche Farbe für die gesamte deutsche Post festgelegt.

Das **Posthorn** war damals Grundausstattung des Postillion und erfüllte einen wichtigen Zweck: Auf sein Signal öffneten sich Stadttore und Schlagbäume und die Reisenden mussten auf den Straßen dem Postreiter Platz machen. Für das Hornsignal waren keine besonderen Töne festgelegt, aber zu Beginn des 19. Jahrhunderts änderte sich das. Wer als Postillion besonders gut ins Horn stieß, konnte sich dann das so genannte Ehrenposthorn verdienen.

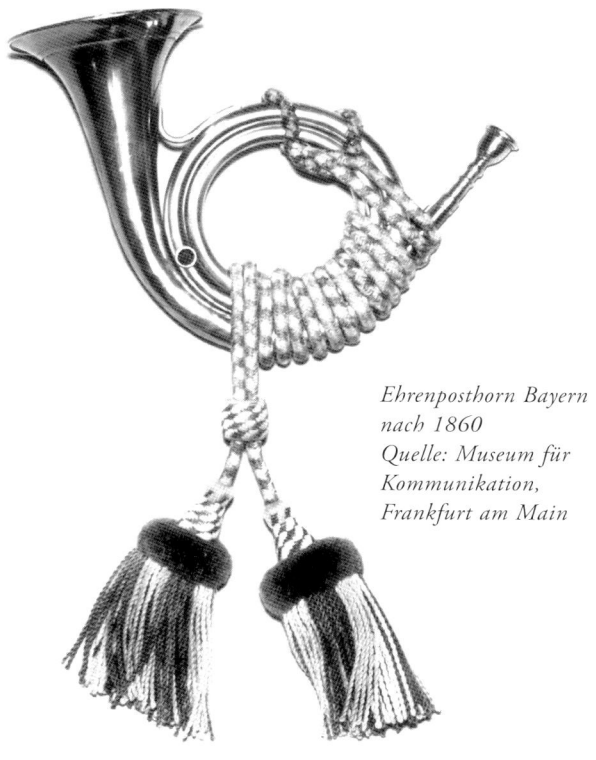

*Ehrenposthorn Bayern
nach 1860
Quelle: Museum für
Kommunikation,
Frankfurt am Main*

Niederlande

Tschechien

Island

Schweden

Norwegen

Frankreich

Neuseeland

Japan

Schweiz

Spanien

Türkei

Dänemark

Kanada

Belgien

BRANDZEICHEN

Die Markierung von Vieh mithilfe von Brandzeichen ist eine Methode, die bereits im alten Ägypten angewendet wurde. Sie dient der Eigentümer-Identifikation zum Schutz gegen Diebstahl oder Verwechslung. Mit den Spaniern kam diese Technik auch nach Nordamerika. Um bei der Menge der Viehzüchter den Überblick zu behalten, werden dort heute noch die unterschiedlichen Brandzeichen in staatlichen „Brandbooks" registriert.

Ein Brandzeichen muss eindeutig und schnell erfassbar sein. Es kann aus Buchstaben, Zahlen, Quadraten, Rauten, Schräg- oder Querstrichen, Kreisen oder einfachen Symbolen bestehen. Um eine Vielzahl an möglichen Zeichen zu erreichen, werden diese unterschiedlich positioniert oder mit kleinen Details ausgestattet, die sie von ähnlichen Zeichenkombinationen unterscheiden. Wie in der Heraldik gibt es auch in diesem handfesten Gewerbe ein ganz eigenes Vokabular zur Beschreibung der Brandzeichen.

Buchstaben und Zahlen können „offen" dargestellt werden, z.B. ist ein „A" ohne Querstrich ein offenes A. Buchstaben können gestreckt oder spitze Winkel in Kurven verwandelt werden. Kleine Striche lassen abhängig von der Platzierung einen Buchstaben „gehen" oder „fliegen". Die Lage des Buchstabens oder der Zahl ist ebenfalls entscheidend: liegt das Zeichen, ist es „faul", ist es schräg gekippt, dann „fällt" es. Brandzeichen werden von links nach rechts, von oben nach unten oder von außen nach innen gelesen. Häufig

werden für das Brandzeichen ein oder zwei Buchstaben
verwendet, meist die Initialen des Ranchbesitzers oder
Ranchnamens, zu dem das Vieh gehört. Oder das Zeichen
ist eine Anspielung auf den Namen des Eigentümers
– ein Fisch für Mrs. Fish oder ein Sarg für Mr. Coffin.

 *Wer eine typografische Lösung für ein Logo und
Initialen sucht, dem sei zur Inspiration ein Blick
in ein staatliches Brandbook empfohlen. Das aktuelle von Kalifornien findet man im Internet unter
www.cdfa.ca.gov, dem California Department of
Food & Agriculture, auf über 30 PDFs verteilt.*

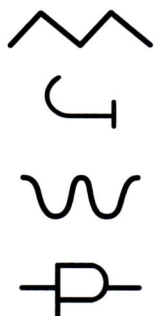

*Ein Buchstabe, der durchhängt wie die-
ses „M" oder auf dem Rücken liegt, wie
das „J", ist „lazy", also faul. Wer auf
dem Kopf steht, ist verrückt: „crazy"!*

*Die spitzen Winkel des „W"
sind abgerundet, deshalb nennt
man es „running w".*

*Dank der zwei Striche rechts
und links „fliegt" dieses „P".*

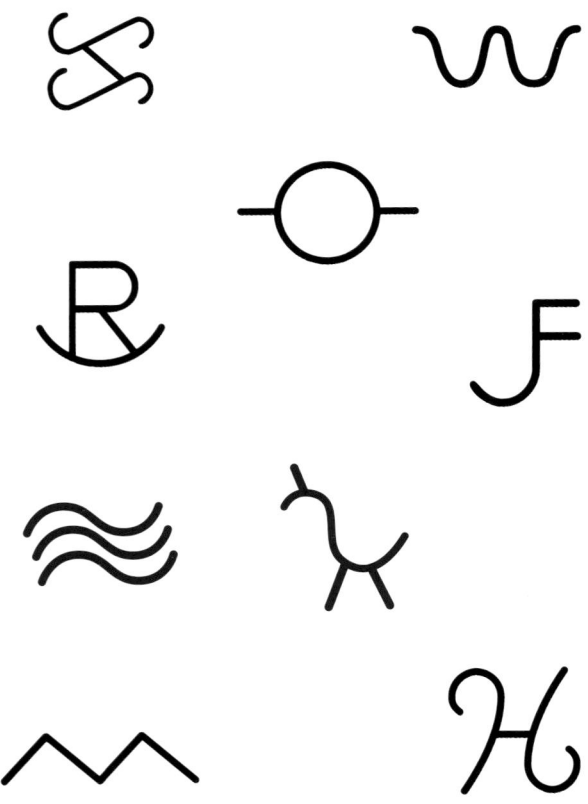

EIGENMARKEN

Eine Handelskette verkauft neben dem etablierten Sorti-
ment ausgewählte Artikel, die in ihrem Auftrag hergestellt
wurden. Diese Artikel sind exklusiv in der betreffenden
Kette zu einem relativ niedrigen Preis erhältlich. Sie werden
unter einem eigenen Markennamen vertrieben, der so
genannten Handelsmarke oder auch Store Label, Generic,
Private Label oder Hausmarke. Dazu gehören so genannte
„Me-too"-Produkte, also preiswerte Varianten eines erfolg-
reichen Markenprodukts, die dieses auch in der Verpackung
imitieren. Oder es handelt sich um Dachmarken, unter
denen sich eine ganze Serie von Produkten einreiht (z.B. ja!,
Today, Salto usw.).

Die Handelsketten verdienen gut an diesen Produkten.
Und die exklusive Herstellung bindet den Kunden an die
Handelskette. Wer die tatsächlichen Hersteller der Artikel
sind, bleibt dem Kunden verborgen. Es kann sich dabei um
namhafte Markenproduzenten handeln, die ihr hochwertig
positioniertes Produkt zugleich im Discounterbereich
platzieren wollen, ohne sich selbst Konkurrenz zu machen.
Natürlich gibt es Gerüchte: Der ALDI-Champagner stamme
ursprünglich von der Marke soundso oder das Waschmittel
sei das gleiche wie … Ob das stimmt und das Produkt ganz
genau dasselbe ist, kann man als Kunde nicht überprüfen.
Visuell muss eine Eigenmarke den Widerspruch kommunizieren, dass sie eigentlich keine Marke sein möchte. Der
Kunde soll erkennen, dass es sich nicht um ein typisches
Markenprodukt handelt, sondern eben genau um eine Han-

delsmarke, die ein gutes Preis-Leistungsverhältnis verspricht, da keine Werbung oder aufwändiges Verpackungsdesign mitfinanziert wird. Eine Verpackung so zu entwerfen, dass sie wirkt, als habe man sie gar nicht gestaltet, ist sicher eine spannende Design-Aufgabe! Das Erscheinungsbild vieler Eigenmarken wirkt auch entsprechend reduziert. Dies trifft besonders auf die Marke ja! der Handelsgruppe REWE zu. Die Produktverpackungen sind in neutralem Weiß gehalten, der schmucklose blaue Schriftzug ja! ist immer mit einer roten Artikelbezeichnung kombiniert. Auch sprachlich gibt es keine Extravaganzen, kein Werbekunstwort beschreibt das Produkt. Ganz nüchtern heißt es ja! Schlagsahne, ja! Fenstertuch, ja! Toilettenpapier. So wirkt es, als ob man das Ur-Produkt an sich erwirbt.

Es existieren insgesamt über 300 ja!-Produkte.

Dies ist kein original ja!-Plakat. Dennoch: Treffender kann man das Prinzip des Markenkonzepts nicht zeigen. Wer hinter diesem Entwurf steckt, erfährt man auf S. 204

Fokus Zeitgeist: ja!-Wohnung, S. 204

WORTMARKEN

Eine Wortmarke kann vielerlei Ursprünge haben.
Der Name der Marke kann sich von einer Person
ableiten, das Metier des Logoeigentümers beschreiben,
metaphorischer Natur sein, ein „willkürlich"
gewählter Name oder ein eigens erfundenes Kunst-
wort sein. Möglich sind auch Abkürzungen, häufig
bilden sich diese aus Initialen. Viele Abkürzungen
funktionieren als Akronym, die Buchstaben lassen
sich also im Zusammenhang als Wort lesen und
aussprechen (z.B. Hanuta für Haselnusstafel).
Ein Logo kann aus einer reinen Wortmarke bestehen,
wie in diesem Kapitel gezeigt, oder aber auch aus
einer Kombination von Wort- und Bildmarke. Es
gibt dabei immer wieder Überschneidungen: Eine
Wortmarke wird mit bildhaftem Charakter umgesetzt,
in einer Bildmarke eingebettet oder mit Zahlen,
Zeichen und Flächen kombiniert, ohne dass sich
Bild- und Wortmarke voneinander trennen ließen.

1 plus 1, S. 30

2 in 1, S. 44

Die Bahn

1994 wurden die Deutsche Bundesbahn und die Deutsche
Reichsbahn zu einem Unternehmen zusammengeführt:
die Deutsche Bahn AG. Diese Änderung machte ein
neues Erscheinungsbild notwendig, die Züge der beiden
Bahnen sollten unter einem einheitlichen Logo fahren.
Der Name Deutsche Bahn hätte zwar formal erlaubt, das
alte Bundesbahn-Logo beizubehalten (DB), die Reichsbahn sollte jedoch nicht einfach unkommentiert in das
bestehende Corporate Design eingemeindet werden. Für
das Zeichen der Deutschen Bundesbahn sprach jedoch sein
hoher internationaler Bekanntheitsgrad. Daher sollten seine
Charakteristika im Wesentlichen erhalten bleiben. Die Auf-
gabe hieß also: „Wasch mir den Pelz, aber mach mich nicht
nass“, wie Kurt Weidemann es formulierte, der das neue
Erscheinungsbild für die Bahn gestaltete.
Technisch wurde eine einzige Reinzeichnung des Logos
gefordert, es sollte also keine optimierten Versionen für
unterschiedliche Verwendungsgrößen geben. Dies war eine
Herausforderung, da das DB-Logo sowohl in Millimeter- als
auch in Metergrößen wiedergegeben wird.

Im neuen Zeichen wird auf die Innenumrandung verzichtet, die serifenlosen Buchstaben stehen positiv auf weißem Hintergrund. So wird eine größere Buchstabenhöhe im Verhältnis zum Gesamtlogo erzeugt und eine bessere Lesbarkeit erreicht: Das neue Logo wirkt nun im gleichen Format größer als das alte. Durch die Positivwiedergabe wird außerdem Farbe gespart, was im teuren Siebdruck eine Rolle spielt, insbesondere wenn man die Auflage und Verbreitung des Logos bedenkt. Insgesamt lässt sich das Zeichen in allen Medien technisch besser reproduzieren. Kritiker sagen, dass gerade die vermeintlich behäbigen Serifenbuchstaben und die doppelte Umrandung zu einer hohen Wiedererkennbarkeit geführt haben. Ein Buchstabieren des Namens sei nicht nötig, um das Gesamtbild zu identifizieren.

gleiches Format, größere Wirkung

 **Deutsche Bahn AG**
Design: Kurt Weidemann, 1994

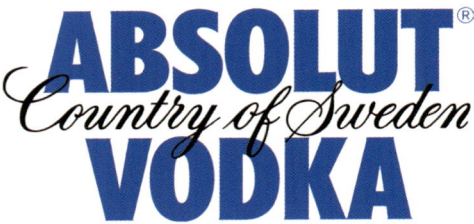

Das Absolut Vodka-Logo spielt mit dem Gegensatz von fetter Grotesk-Schrift und zierlicher Schreibschrift. Diese übernimmt eher ornamentale Funktion, während die Grotesk die wesentliche Information vermittelt, nämlich den Markennamen. Die Wiedererkennung der Marke erfolgt über den Schriftzug Absolut, die Typografie des Logos wird auch in den Werbekampagnen des Produkts eingesetzt.

 Fokus Praxis: Das gewisse Etwas, S. 312

 Absolut Vodka
Design: Gunnar Broman, 1979

BRAUN

Der schlichte Schriftzug hat es in sich: Der mittlere Buchstabe ragt über die restliche Wormarke hinaus und bildet damit die unverkennbare Braun-Silhouette. Die Rundung des „A" wird in den Formen des nachfolgenden „u" und „n" wieder aufgenommen. Hier findet eine Mischung von Groß- und Kleinbuchstaben statt, aber nicht um der Irritation willen, sondern um im Gegenteil den Schriftzug optisch harmonisch zu vollenden: Das „n" entspricht dem umgedrehten „u" und bildet so elegant den Abschluss der Wortmarke.

 Braun
Design: 1934
Re-Design: Wolfgang Schmittel, 1954
Peter Schneider, Alexander Iskin, 1999

Die ERCO Leuchten GmbH wurde nach Arnold Reininghaus, der die Firma 1934 in Lüdenscheid gegründet hat, benannt: ERCO ist die phonetisch gesprochene Abkürzung von „Reininghaus & Co". Die Buchstabenfette im Logo nimmt zum letzten Buchstaben hin immer stärker ab. So scheint es, als werde der Schriftzug von einem starken Licht überstrahlt – diese Wirkung wird durch die runde Form des „O" als imaginäre Lichtquelle zusätzlich unterstützt.

 **ERCO Leuchten GmbH**
Design: Otl Aicher, 1974

Das stilisierte „M" als Buchstabenzeichen steht für den Namen der Firmengründer Richard und Maurice Mc Donald. 1953 zierten die „golden Arches" (goldenen Bögen) des Logos erstmals ein Restaurant in Phoenix Arizona. Den Durchbruch erlebte die Imbisskette jedoch erst, als Ray Kroc den McDonald-Brüdern 1955 das Restaurantkonzept abkaufte.

Der erste Spiegel erschien am 4. Januar 1947. Für diese Ausgabe entstand auch das Titel-Logo, der Entwurf stammte von dem Grafiker von Gualtieri. Die Modifikationen am Logo, die im Laufe der Jahre entstanden, wurden alle intern vorgenommen. Basis für das heutige Logo ist immer noch der Schriftzug der ersten Ausgabe.

 Fokus Praxis: Logos in
diversen Medien, S. 131

 Der Spiegel
Design: von Gualtieri, 1947,
seitdem interne Überarbeitung

Das Volkswagen-Zeichen stellt wohl ein Logo in seiner Reinform dar: die Abkürzung des Firmennamens in einem Kreis platziert. Der symmetrische Aufbau der Buchstaben und ihre ähnliche Form erlauben eine einprägsame, grafisch elegante Kombination. Das Logo wurde 1948 markenrechtlich geschützt, zunächst noch ohne farbliche Festlegung. In den 50er Jahren wurde das Logo vorwiegend in blau auf weiß umgesetzt, inzwischen wird Blau als Hintergrundfarbe verwendet und Weiß bzw. Chrom als Zeichenfarbe. Das Zeichen hat seit 2000 dreidimensionalen Charakter, an der grundlegenden Form des Logos hat sich aber seit der Entstehung nichts geändert. Der ursprüngliche Designer ist allerdings nicht bekannt.

 **Volkswagen**
Design: Meta Design, 1996/2000

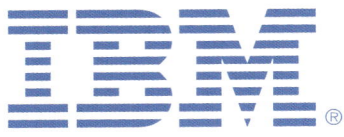

„Die Streifen vermitteln die Assoziation von Geschwindigkeit und Leistungsfähigkeit." (Paul Rand)

Diese Initialen stehen für International Business Machines.
Paul Rand entwickelte die ursprüngliche Logo-Version 1956
und entwarf ebenfalls die gestreifte Fassung aus dem Jahr
1962. Diese wurde 1982 nochmals intern überarbeitet.

 IBM
Design: Paul Rand, 1956 und 1962

EXXON ist ein „künstlicher Name". Seinen Ursprung
hat das Unternehmen in der Firma ESSO, deren Name
eine klangliche Umsetzung der Abkürzung Standard
Oil-Company (SO) ist. Das doppelte „X" erinnert an
das Doppel-S von Esso, so erreichte man eine Verbindung zwischen altem und neuem Markennamen
und erschuf zugleich einen markanten Schriftzug.

 **EXXON**
Design: Raymond Loewy, 1966

Tupperware®

Das Konzept der Tupperware-Produktvermarktung basiert auf Mundpropaganda und den berühmten Tupper-Partys: Die Produkte werden ausschließlich über die eigene Organisation durch Beraterinnen vorgeführt und angeboten. Das Logo kommt also hauptsächlich auf den Produkten als Markenkennzeichnung zum Einsatz und weniger auf externen Werbematerialien oder in anderen Medien – entsprechend nüchtern und pragmatisch ist es gestaltet. Die Logo-Fassung mit Bildmarke wird nur in der internen Unternehmenskommunikation verwendet. Sie stellt die abstrahierte Form des „Freundschaftsbrunnens" dar, der vor der Tupperware-Zentrale in Orlando/Florida steht.

internes Logo

**kinder
Reicher
Eltern**

Der Name dieser Band ist so prägnant, dass die passenden Bilder dazu im Kopf entstehen – eine ergänzende Bildmarke ist nicht nötig.

Cover-Motiv der CD

KinderReicherEltern
Design: Tim Talent, 1993

ERIK SPIEKERMANN

*Was ist Ihr Lieblingslogo?
Das VW-Logo, weil es auf einen Blick alles sagt.

*Was inspiriert Sie?
Alles, was es zu sehen gibt.

*Was war Ihr erstes Logo (und wie war es?)
*Ich glaube das war 1969/70 für Objects & Posters (O&P) in
München. Das Zeichen war gar nicht so schlecht. Ich habe die
Initialen dreidimensional dargestellt. Die Konturen fehlten und
die Buchstaben waren nur durch die Schattengebung erkennbar.*

In etwa so:

*Was beschäftigt Sie gerade?
*Die neue Hausschrift der Bahn. Die weltweite Ein-
führung des neuen Corporate Design für Bosch.*

*Was ist ein absolutes Tabu bei Logos?
*Wenn ein Element ohne Aussage Bestandteil eines Logos
wird, wie diese sinnlosen Viertelkreise über oder unterhalb
des Schriftzugs, wie es eine Zeit lang in Mode war.*

*Was ist ein Muss bei Logos?
*Man muss ein Zeichen dreimal faxen, um zu sehen, ob es funk-
tioniert, oder es problemlos auf einen Pullover sticken können.
Interessant ist auch, inwiefern das Zeichen die Restfläche defi-
niert, indem zum Beispiel das Layout auf den Proportionen des
Logos aufbaut.*

*Was Sie immer schon zum Thema Logos sagen wollten:
*Ein Logo ist nur ein Teil eines Corporate Designs, quasi die
Mütze obendrauf – das Zeichen selbst ist nicht so wichtig
wie das Gesamterscheinungsbild. An sich muss man ein
Unternehmen auch ohne sein Zeichen erkennen können, daher
entwickeln wir immer ganze Zeichensysteme.*

Erik Spiekermann ist Fachautor, typografischer Gestalter
und Schriftentwerfer. Er war Gründer von MetaDesign
1979. Seit August 2000 arbeitet er unter dem Label United
Designers Network mit Büros in Berlin und San Francisco.

Sag ja! zu deinen Sachen

Die optimistische Aussage und die reduzierte visuelle Sprache der ja!-Handelsmarke inspirierte eine Gruppe von Designern zu einem Selbstexperiment: Sie gestalteten eine ja! Wohnung, in der sie ein knappes Jahr lebten, fuhren ein ja! Auto und riefen eine regelmäßige ja! Disco ins Leben. Sie reihten dabei konsequent ihre sämtlichen Besitztümer in die Produktpalette ein – wirklich alles wurde gnadenlos weiß eingefärbt und mit dem ja! Logo versehen. Nichts und niemand blieb verschont, auch Freundinnen und Gäste nicht. Ach ja, man ernährte sich natürlich ausschließlich von ja! Produkten.

Daniel Dilger, Marc Oswald, Niklas Schechinger und Hank Schmidt-in-der-Beek lebten von November 2002 bis September 2003 gemeinsam in der von ihnen gestalteten 170 m² großen ja! Wohnung in Offenbach am Main. Von November 2002 bis März 2003 hatten sie in der Hochschule für Gestaltung Offenbach ein ja! Atelier. Ab Mai 2003 fuhren sie ein ja! Auto. Im Juni, Juli und August 2003 veranstalteten sie jedes Wochenende die ja! Disco in einem Club in Offenbach.

 weitere Bilder unter www.ja-fotos.de

 Fokus Theorie: Eigenmarken, S. 186

FLEXIBILITAT

FLEXIBILITÄT

Flexibilität ist der Schwerpunkt der folgenden Logo-sammlung. Hier geht es um Logos mit flexiblem Aufbau und Strukturen sowie um Logo-Animation. Das Logo kann dabei aus mehreren Bestandteilen bestehen, die durch wechselnde Positionierung Offenheit und Bewegung demonstrieren, oder es kann eine flexible Bildstruktur besitzen, die sich ständig wandelt. Und zum guten Schluss geht es um tatsächliche Logo-Animation, also darum, ursprünglich statische Logos durch Animation in Bewegung zu versetzen.

  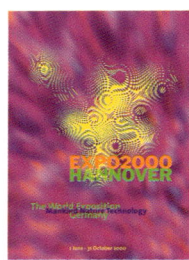

EXPO 2000

Das Motto der Weltausstellung in Hannover im Jahr
2000 lautete: „Mensch – Natur – Technik". Dass als Logo
keine Kombination aus Männchen, Baum und Zahnrad
entstanden ist, verdankt man der Jury und der Agentur
Qwer aus Köln, deren ungewöhnliches Logo-Konzept viel
Aufmerksamkeit erregte.

Das Logo besteht aus einer kombinierten Wort-Bildmarke.
Das Wortzeichen ist fixiert, seine kompakte und plakative
Wirkung wird durch die Versalien unterstützt, lediglich
die Farben sind innerhalb einer festgelegten Palette flexibel
austauschbar.

Das Bildzeichen bildet den Gegensatz dazu: Es besteht
aus einem detailreichen, amorphen Muster, dessen Form
ständig wandelbar ist. Auf diese Weise ergibt sich tatsächlich eine Vielzahl von Bildzeichen für dasselbe Logo.
Jedes Bildzeichen wirkt wie ein Schnappschuss innerhalb
einer Bewegung – theoretisch sind unendlich viele Bilder

 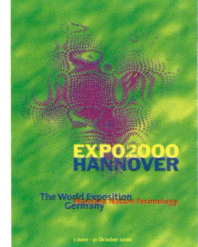 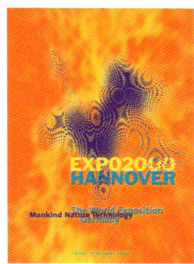

Plakatserie Expo 2000

möglich. Konsequenterweise wurde das Logo für Fern-
sehspots und Multimedia-Anwendungen animiert, um den
dynamischen Charakter des Logos direkt zu vermitteln.
Die Form des Bildelements ist von abstrakter Struktur, die
auf einer mathematischen Formel basieren könnte. Sie erinnert an Schwingungen, wirkt dynamisch und lebendig –
eine Symbiose aus organischer und technischer Anmutung.
Das Logo trifft somit den Kern des Mottos „Mensch – Natur
– Technik" und den zukunftsweisenden Anspruch einer
Weltausstellung, Wandel und Entwicklung zu präsentieren.

Das Bildzeichen ist nicht nur in seiner Form flexibel,
sondern auch in seiner Anwendung: Es kann als
Struktur über große Flächen abgebildet werden und
funktioniert immer noch als wiedererkennbares Logo
(siehe Lufthansa-Abbildung). Die „konventionelle"
Variante des Logos findet man auf dem IC der Deutschen Bahn und wird auf den Katalogen und sogar
im Minimalformat der Briefmarke eingesetzt.
Die Wort- und Bildmarke sind auch farblich flexibel
gestaltet: Hierzu gibt es eine Palette kräftiger Farben, die in
bestimmten Kombinationen angewendet werden dürfen.
Dabei wird mit starken Gegensätzen und nicht Ton in Ton
gearbeitet, um den lebendigen Charakter zu unterstützen
und einen hohen Aufmerksamkeitswert zu erzielen.

*Die EXPO-
Briefmarke*

Broschüren

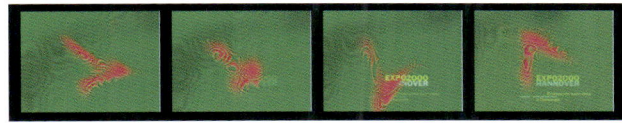

Detail: Animation

EXPO 2000 Weltausstellung
Design: Qwer, 1996/2000

SKIA ist ein Verlag für Schatten: Nach dem Motto „Schatten lässt sich gestalten" entwickelt SKIA in enger Kooperation mit Designerinnen und Designern Produkte, die im privaten und öffentlichen Raum Schatten spenden. Das Erscheinungsbild von SKIA besteht aus zwei grundsätzlichen Elementen: eine kräftige, kompakte Wortmarke, die in unterschiedlichen Größen und Anwendungen funktioniert, kombiniert mit einer Bildmarke, die als flexibles Gestaltungselement einsetzbar ist. Das Thema Schatten wird so immer wieder neu interpretiert. Der Wandel wird Teil der Identität: Das Konzept sieht vor, möglichst nicht dieselbe Anordnung von Bild- und Wortmarke zu wiederholen. Dieses Ziel wird durch eine Anzahl von unterschiedlich ausgerichteten Logo-Elementen erreicht, die in einer festgelegten, aber breiten Farbpalette variiert werden können. Die Wortmarke wechselt dabei die Position bzw. die Bildmarke rotiert in einen neuen Winkel.

 *Das Zeichen für die Nacht in der Oruk-Schrift Mesopotamiens, drittes Jahrtausend v. Chr., diente als Inspiration für das Logo.*

 SKIA
Design: Nikolaus Rulle, 2003

Uwe Loesch konzipierte für das Museum für Gegenwartskunst in Siegen ein Erscheinungsbild, das in allen Medien
schwarz-weiß funktioniert. Er entwickelte ein bewegtes
Zeichen, das als Filmschleife für die Videowand an der
Außenfassade des Museums bestimmt ist. Darüber hinaus
dient es als „Opener" z.B. in der Berichterstattung der
elektronischen Medien oder der Museums-Homepage.
In den Printmedien des Hauses ist das Bild des Würfels
zunächst als „black box" zu sehen. Diese Metapher steht
übergreifend für die experimentelle Arbeit des Museums.
Sie ist zum anderen aber auch ein Hinweis auf die Fotografie (Camera Obscura) und in deren Folge auf die neuen
Medien, denn der Schwerpunkt des Museums liegt in der
Auseinandersetzung mit Film, Video und Computer.

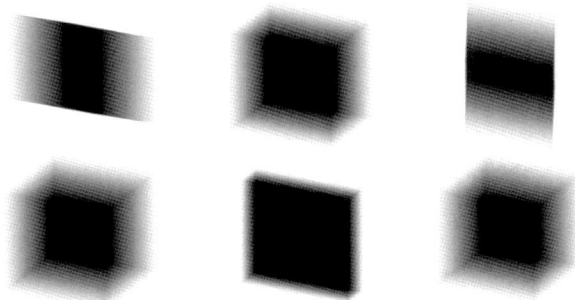

In der animierten Fassung des Logos verformt sich
die „black box" gelegentlich zum „white cube". Der
„white cube" wiederum ist eine Anspielung auf den
klassischen Galerie- bzw. Ausstellungsraum für die Kunst
des 20. Jahrhunderts: Scheinbar neutral, weiß und
ohne Vorgaben von außen, bildet dieser Raum für die
Begegnung von Künstler, Kunstwerk und Betrachter.

ⓘ **Museum für Gegenwartskunst, Siegen**
Design: Uwe Loesch, 1999

YOUR LOGO HERE?

Können Sie sich Ihren Logo-Entwurf auf einem T-Shirt
vorstellen? Oder einem Lieferwagen? Flugzeug? Auf der
Titelseite eines Magazins? Oder als elegantes, dezentes
Detail auf einer Armbanduhr, einem Anzug oder edlem
Schreibwerkzeug? Als Schmuckaccessoire, als Billig-
Banner in einem Copyshop-Fenster, am Fernsehturm?
Auf Ihren Lieblingsklamotten? Auf Ihrem Autolenkrad?
Natürlich ist das nicht immer passend. Die Erstellung des
Logos hängt von seiner tatsächlichen Anwendung ab. Oft
bestimmt das Medium das Format des Logos, eine Tageszeitung braucht ein anderes Logo als ein Auto (Querformat
vs. quadratisch/rund). Auch wenn das Logo nur auf einem
Briefpapier landen wird, ist es nicht schlecht, es in allen
möglichen Medien durchzuspielen, als kleine Fotomontage
beispielsweise. Testen Sie, wie es sich dort macht – wo
funktioniert es, wo nicht? Woran liegt das? Vielleicht
offenbaren sich Mankos des Logos in einer Anwendung,
die zwar nicht benötigt wird, aber auf ein generelles Pro-
blem des Logos aufmerksam macht. Neben rein formalen
Beobachtungen sollte man auf die eigene Reaktion achten:
Sieht das lächerlich aus? Warum will ich das Logo nicht
auf meinem T-Shirt haben? Was ist nicht richtig daran?
Denn neben allen technischen Fragen ist wichtig:

Mögen Sie das Logo?
(Wenn nicht Sie, wer dann?)

 Fokus Praxis: Logos in diversen Medien, S. 126

your logo here?

LOGO-ANIMATION

Logos können für die Anwendung in bewegten Medien wie TV, Film und Internet animiert werden. Das geschieht im Fall von Produkt- und Firmen-Logos jedoch recht selten. Vorwiegend werden solche Logos animiert, deren Ursprung bereits in den Bewegtmedien liegt, z.B. Logos von Filmproduktionen oder Fernsehsendern.

Im Fernsehen werden Senderlogos zurzeit hauptsächlich mit Lichteffekten zum Strahlen gebracht, es gibt kaum komplexe Bewegungsabläufe oder Formveränderungen. Animationen werden nur in den Vollbild-Trailern vor und nach der Werbung verwendet und nicht während der Sendung von Programminhalten. In dieser Zeit ist das Logo stillstehend in der Bildschirmecke platziert. So hebt es sich vom bewegten Hintergrund besser ab und lenkt außerdem nicht vom Programm-Inhalt ab.

Im Kino hat die Logo-Animation eine längere Tradition: Filmproduktionsfirmen und Verleihe zeigen als Eröffnung zum eigentlichen Film kurze Trailer mit ihrem animierten Logo. Häufig werden dabei Elemente des Logos in Bewegung versetzt oder lebendig gemacht: Der Löwe brüllt, Sterne fliegen um den Berg, der Junge auf der Mondsichel angelt und mein persönlicher Favorit: eine dreidimensionale Lampe hüpft auf dem Logo herum. Aber es geht auch umgekehrt: Das Logo wird als dreidimensionales Objekt gezeigt, das vermeintlich still steht. Ein räumlicher Flug führt den den Betrachter um das dreidimensionale Logo herum.

Im Internet sind bisher kaum Logo-Animationen zu finden, obwohl die technischen Voraussetzungen gegeben sind. Etablierte Firmen achten darauf, ihr wertvolles Logo unangetastet zu lassen und nur grafische Elemente im Umfeld des Zeichens in Bewegung zu setzen. Das ist durchaus sinnvoll. Wie jedes gestalterische Element sollte auch eine Animation einen inhaltlichen oder konzeptionellen Bezug zum Produkt oder der Firma herstellen und nicht als bloßes „Gimmick" eingesetzt werden.

Es kann aber besondere Anlässe geben, für die eine Animation außer der Reihe erwünscht ist, z.B. Live-Veranstaltungen wie Messen oder Events, wo Bildwelten projiziert werden. VJ-Künstler (VJ für Video-Jockey in Anlehnung an den Discjockey) animieren dann zu diesem Zweck das Firmen- oder Produkt-Logo des Sponsors oder Veranstalters und binden es thematisch in die Bildwelten der Veranstaltung ein. So kann temporär ein Logo speziell auf eine Zielgruppe oder einen Kontext hin animiert werden.

Eine gute Logo-Animation ist nicht einfach. Die Vorgehensweise ist im Idealfall, das Prinzip des Logos herauszufinden und auf dessen Basis eine Animation zu erstellen: Das statische Logo beinhaltet z.B. häufig schon eine Bewegung, deren Höhepunkt genau erreicht ist. Es gilt also, eine Animation zu erstellen, deren Höhepunkt das originale Logo darstellt, und durch einen Bewegungsablauf zu diesem Logo hinzuführen. Auf diese Weise prägt sich optisch weiterhin das originale (statische) Logo im Kopf des Betrachters ein, nur dass es jetzt eine Vorgeschichte hat. Nicht empfehlenswert ist es, das Bewegungsprinzip fortzusetzen und als Endpunkt eine neue Variante des Logos zu zeigen (z.B. eine ursprünglich halb geöffnete Tür zu schließen). Eine Alternative bieten hier Bewegungsschleifen, die immer wieder zum Ursprung zurückkehren. Das Ziel sollte immer sein, mithilfe der Animation das Originalzeichen zu verstärken und die Einprägsamkeit zu fördern.

Eine weitere Möglichkeit besteht darin, mit der Logo-Animation auf den Charakter des Produkts anzuspielen (z.B. sprudelnde Luftblasen um das Logo einer Brausetablette). Das Logo wird so mit einer Produkteigenschaft kombiniert. Ganz gleich wie man vorgeht, die Logo-Animation ist eine heikle Angelegenheit. Verfremdungen und Veränderungen müssen mit Fingerspitzengefühl ausgeführt werden, um das Image und das Erscheinungsbild des Zeichens zu bewahren.

Bewegung, S. 276

Der „springende" Schriftzug vermittelt Bewegung. Die Logo-Animation greift diese auf und nimmt zugleich Bezug auf das Gewerbe – das Cocktail-Mixen.

Unten: Standbilder aus der Logo-Animation

Im ersten Teil der Animation wird der Schlock-Schriftzug wiederholt hin- und her geschüttelt.

…bis er schließlich der Mixerei entspringt. Das Endbild zeigt das Original-Logo.

ⓘ **schlock MOBILE DRINKS**

Design: Michael Herling, 2001
Logo-Animation: dreambeam.tv, 2004

HAND- UND SCHREIBSCHRIFT

Bei der Organisation einer Ausstellung bestand die
Galeristin darauf, dass alle Einladungen zur Eröffnung
von uns per Hand adressiert werden mussten. Ich
war sprachlos, denn es handelte sich um mehrere
hundert Umschläge, die es zu beschriften galt. Ihre
Argumentation war, dass sie auf ihrem Schreibtisch
Post mit gedruckter Adressierung erst einmal beiseite
lege, handgeschriebene Einladungen dagegen sofort
öffnen und lesen würde. Hand- und Schreibschrift
wirken persönlich in Zeiten elektronischer Daten-
verarbeitung und personalisierter Serienbriefwer-
bung. Die Ansprache ist direkt und besonders.
Die Hand- und Unterschrift ist ein persönliches
Merkmal, durch sie lässt sich ein Schriftstück einer
Person zuordnen, so ist sie Zeichen der Individu-
alität und Unverwechselbarkeit. Ihr wohnen stets
leichte Varianten inne, Unregelmäßigkeit steht
hier für Lebendigkeit und Spontaneität. Handschriften und kursive Schnitte können feierlich und
besonders wirken, aber auch feminin und zierlich.
Durch sie kann Nähe geschaffen, aber ebenso ein
urkundlicher, dringlicher Charakter erzielt werden.
Digitale Schreibschriften und kursive Schnitte
sind als solche stets gleichartig reproduzierbar.
Ihre Anmutung jedoch weckt bei dezentem und
gezieltem Einsatz weiterhin die Assoziation des
Spontanen, Individuellen und Besonderen.

Alles begann damit, dass Shawn Stussy T-Shirts mit seiner Unterschrift versah. Diese verkaufte er zusammen mit Surfbrettern in Laguna Beach, Kalifornien.
Aus den T-Shirt-Entwürfen entwickelte sich das inzwischen weltweit agierende Modelabel für Streetware.
Das Logo wurde in den 90ern überarbeitet, um dem Markenzeichen ein zeitgemäßes Erscheinungsbild zu geben.
Heute ist die Marke 25 Jahre alt, aus diesem Anlass setzt die Firma das hier gezeigte ursprüngliche Zeichen wieder ein, um verstärkt die Wurzeln der Marke zu kommunizieren.

 **Stussy**
Design: Shawn Stussy, 1980

Mit einem Füller zu schreiben ist etwas anderes als mit dem Kugelschreiber. Die Steigerung zum Füller ist die Schreibfeder – der kalligraphische Schriftzug vermittelt Anspruch auf Sorgfalt und Tradition. Im Kontrast dazu steht die moderne Unterzeile.

 Schaaf Rechtsanwälte
Design: Smart Grafik, 2004

em | Motion

Das Logo spielt mit dem Gegensatz zwischen Schreib- und Druckschrift: Die Schreibschrift verleiht den Buchstaben „em" Namenscharakter, das nüchterne „Motion" gleicht einer Kategoriebezeichnung. Die Linie verstärkt die Gegenüberstellung, sie ist zugleich trennendes wie verbindendes Element. Die Firma bietet Dienstleistungen im IT-Bereich. Die Abkürzung „em" steht einerseits für „electronic mobile", andererseits für den Namen des Geschäftsführers.

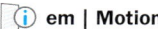 **em | Motion**
Design: Daniel Ley, moculade design, 2001

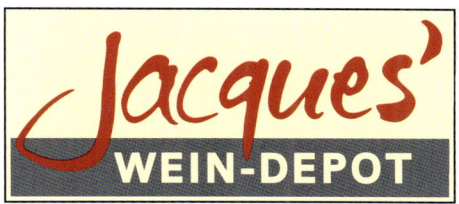

Der schwungvoll gepinselte Namenszug wirkt persönlich und großzügig. Die klare Unterzeile vermittelt Professionalität. Das Ganze steht in einem etikettähnlichen Rahmen, der den Bezug zum Weinhandel schafft.

 **Jacques' Wein-Depot**
Design: Fremdkörper, 2002

Die Wortmarke für diesen House-Club hat spontanen Schwung, die Bildmarke aus demselben Guss bildet den krönenden Abschluss.

Tiefenrausch
Design: ERDEZWEI, 2001

Die Gastronomie ist der klassische Einsatzbereich für Handschriften, da diese persönliches Flair verheißen. Die Unterzeile ist im Kaffeehausstil gehalten.

 **Maifeld**
Design: Dirk Arendt-Maiwald, Schnurstracks, 2004

IDEEN – WOHER NEHMEN?

Es kommt vor, dass man direkt weiß, wie das neue Logo des Kunden aussehen soll. Aber viel öfter bedarf es einer ausführlichen kreativen Vorarbeit, bis man eine gute Idee gefunden und auf den Punkt gebracht hat. Es gibt eine Reihe Techniken, die zur Ideenfindung beitragen können, eine der bekanntesten ist sicher das Brainstorming.
Das **Brainstorming** ist eine **Kreativitätstechnik**, die von Alex F. Osborn entwickelt wurde. Er arbeitete in den 40er Jahren in der Werbebranche und stellte im Verlauf seines Berufslebens fest, dass gemeinsame Arbeitstreffen die Kreativität seiner Mitarbeiter eher bremste als förderte. Also entwickelte er ein neues Verfahren zur freieren Ideenfindung.

Das Prinzip eines Brainstormings lässt sich auf vier Kernregeln reduzieren:

· Kritik üben ist verboten.
· Je mehr Ideen, desto besser!
· Vorhandene Ideen dürfen ergänzt und verbessert werden.
· Je ungewöhnlicher die Idee, desto besser.

Zum Ablauf: Es gibt eine Problemstellung, für die Lösungsvorschläge gesammelt werden sollen. Das Brainstorming findet in der Gruppe statt, dabei übernimmt eine Person die Rolle des Moderators, der darauf achtet, dass die Regeln befolgt werden. Jeder Teilnehmer äußert seine Ideen laut. Dabei ist wesentlich: In der Brainstorming-Phase wird nicht kritisiert oder bewertet, sondern nur gesammelt und weitergesponnen! So genannte „Killerphrasen" sind verboten, also Bemerkungen, die eine Idee schlecht oder lächerlich machen. Ansonsten sind keine Grenzen gesetzt – keine Idee ist zu schlecht oder zu absurd! Die Teilnehmer sollten sich von der „Schere im Kopf" freimachen, die eine Idee schon im Vorfeld abwürgt – ob sich ein Vorschlag umsetzen lässt, ist jetzt nicht Thema! Vielleicht spinnt ein Kollege den Einfall produktiv weiter, also nur keine Scheu! Damit nichts verloren geht, schreibt ein Teilnehmer alle Vorschläge mit. Allerdings liegt es nicht jedem, seine Einfälle so munter in der Gruppe kundzutun. Manche lassen sich zu schnell von fremden Ideen ablenken, so fallen eigene interessante Ansätze möglicherweise unter den Tisch. Man sollte daher den Teilnehmern die Gelegenheit geben, erste Ideen vorab ungestört auf einem Blatt Papier festzuhalten.

Arbeitet man allein, eignet sich ein **Brainwriting**, also ein schriftliches Brainstorming. Ob man am Computer schreibt oder handschriftlich auf ein Blatt Papier, macht dabei durchaus einen Unterschied! Mancher kann am Rechner sehr viel schneller tippen als per Hand schreiben, andererseits lassen sich auf dem Papier schon erste Skizzen festhalten. Jedes Medium hat seine Vorteile, testen Sie beides. Die Ergebnisse sind unter Umständen sehr unterschiedlich – das kann sehr fruchtbar sein! Nehmen Sie ein großes Blatt Papier, legen Sie genügend Stifte bereit, bzw. laden Sie Ihr Laptop auf und beenden Sie Mail- und Terminprogramme – es sollte keinerlei

Störungen von außen und ähnliche Hindernisse geben!
Bei einem Brainstorming für eine Logo-Entwicklung sollten
Sie in viele verschiedene Richtungen denken. Eine davon lie-
fert vielleicht den entscheidenden Anstoß für den Entwurf.

Eine der wichtigsten Fragen lautet: Wer **will** der Kunde
sein? (Das ist etwas ganz anderes als „Wer **ist** der Kunde"!)
Formulieren Sie einen Satz oder finden Sie Schlagworte,
die diese Frage beantworten. Entwickeln Sie dann im
zweiten Schritt Ideen für die visuelle Umsetzung.
Andere Fragen sind: In welchem Metier ist der Kunde tätig,
gibt es genre-typische Gestaltungskriterien? Wenn ja, sollte
man diese beachten oder brechen? Was bietet der Kunde
an? Zeigt man dies und auf welche Weise – direkt oder im
übertragenen Sinne? Und wenn man noch einen Schritt
weiter geht – was ist das Ergebnis seines Tuns? Zeige ich als
Touristikunternehmen ein Schiff/Zug/Flugzeug, Wasser/
Palme/Sonne oder ein Lächeln/Entspannung/Zufriedenheit?
Welche Ziele hat der Kunde, wie könnte man diese
visualisieren? Sollte man die Struktur des Unternehmens
kommunizieren? Hat das Unternehmen interessante
Wurzeln, die als Anknüpfungspunkt dienen könnten?

Neben der inhaltlichen Analyse können auch grafische
Gesichtspunkte eine wesentliche Rolle spielen. Schauen
Sie sich den Namenszug an: Gibt es hervorstechende
Buchstaben, die als grafisches Element abstrahiert werden
könnten oder sich durch ein Bildelement ersetzen lassen?
Könnte man auf den Namen grafisch anspielen? Wechseln
Sie die Perspektiven, bleiben Sie beweglich, probieren Sie

unterschiedliche Medien aus, blättern Sie in diesem Buch und vergleichen Sie die Umsetzungsmöglichkeiten.

Erst danach setzt das Filtern ein: Lassen sich die Ideen angemessen technisch umsetzen? Ist die Idee klar, springt der Funke über? Passt das Ganze zum Kunden und seiner Klientel? Gefällt es Ihnen?

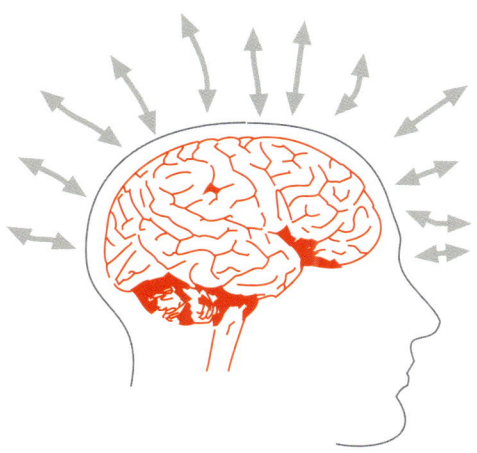

LABEL

Die hier vereinten Logos haben eines gemeinsam: Sie bilden eine geschlossene Form, eine grafische Fläche, innerhalb derer die Wortmarke platziert ist. Zum Teil werden diese in der Anwendung tatsächlich als Etiketten eingesetzt, andere als dezente Applikationen. Allgemein haben geschlossene Logos den Vorteil, sich auf beliebigen Hintergründen wirkungsvoll abzuheben.

Das Logo des Verlags erscheint auf den üblichen Kommuni-
kationsmitteln sowie auf Rücken und Titel der publizierten
Bücher. Die Bildmarke bildet das kalligrafische „T". Es
unterteilt die Hintergrundfläche in drei Bereiche, die in
kräftigen Grundfarben erscheinen. Das Logo wurde überarbeitet, als der Verlag eine neue Muttergesellschaft bekam
und einen neuen Namen erhielt. Die Buchstaben ITP, die
vorher für „International Thomson Publishing" standen,
sollten mit einer neuen Wortmarke verbunden werden. Hier
gab es verschiedene Ansätze: ITPress, International Media-
Press und schließlich mitp (Modern Industry Technology
Publishing). Die Wortmarke erscheint in der Eurostile Demi
und hat in Verbindung mit der Kleinschreibung einen technischen, aber freundlichen Charakter. Die Bildmarke wurde
weitgehend beibehalten, der Schwarzanteil im Gesamtlogo
verringert, um eine leichtere Anmutung zu erzeugen.

 MITP

    Design: Justo G. Pulido

    Re-Design: ID4 industriedesign, Kurt Friedrich

Basisentwurf   *ursprüngliche Fassung*

Verschiedene Entwürfe für das neue Logo

Dieses Logo für eine Biologische Limonade zeigt, dass man Bio-Produkte auch mit anderen Farben als Grün erfolgreich kommunizieren kann. Das Logo erscheint grafisch eingebettet auf dem vorderen Flaschenetikett und bildet solo das Flaschenhalsetikett. Die Kombination aus rotem Kreis und weißem „O" kommt auf dem Kronkorken des Produkts zum Einsatz.

 Bionade
Design: Cre-Art, 1995

Seit 1936 wird das Levi's-Label in Form des roten Fähnchens an der Gesäßtasche der Markenjeans angebracht. Bis heute wird jede Levi's-Jeans mit diesem „Red Tab" versehen. Der Schriftzug wurde 1971 verändert, seitdem wird darin das „L" groß und das „e" kleingeschrieben.

Gründer der Firma Levi Strauss & Company und Erfinder der legendären Jeans war Levi Strauss, der 1847 aus Buttenheim bei Bamberg nach New York auswanderte. Sein Glück machte er schließlich in San Francisco, wo seine stabilen Arbeitshosen mit patentierter Nietenverstärkung reißenden Absatz fanden.

 Levi's

Die Zusammensetzung des Martini-Vermouths ist ein
gut gehütetes Geheimnis. Es handelt sich dabei um mit
Kräutern, Zucker, Karamell und Wasser aromatisierten
Wein, der die Basis für zahlreiche Cocktailklassiker darstellt.
Hier eine der vielen Varianten des gleichnamigen Drinks:

Martini Cocktail (*Charles Schumann, American Bar*)
Vermouth dry
5cl Gin
1 Grüne Olive mit Stein
*Im Rührglas auf viel Eiswürfel verrühren, in vorgekühltes
Martiniglas abseihen, Olive dazugeben.*

Über die Menge des Vermouths wird gestritten. Für einen
wirklich trockenen Martini lassen manche nur die Flasche
um das Glas kreisen. James Bond hingegen trinkt Wodka-
Martini, geschüttelt – nicht gerührt.

 **Martini**   As Time Goes By, S. 102

Das Museumsquartier in Wien ist eines der zehn größten Kulturareale der Welt, die Bandbreite des Kulturviertels beinhaltet unter anderem große Kunstmuseen wie das Leopold-Museum, das Architekturzentrum Wien, Künstlerateliers und spezielle Kultureinrichtungen für Kinder. Diese Vielfalt vereinigt sich unter dem MQ-Logo. Das Zeichen ist durch seinen Label-Charakter ein Blickfang in allen medialen Umsetzungen. Die Kombination aus Punkt und „Q" visualisiert ein Ziel oder einen Treffpunkt.

Museumsquartier Wien
Design: Büro X, 2000

Die räumliche Anmutung des Schweppes-Logos weckt die
Assoziation der zugehörigen Flasche.
Urvater der Schweppes-Produkte war der Hesse Jakob
Schweppe. Er erfand eine Maschine zur Herstellung von
sprudelndem Sodawasser und gründete 1792 eine Fabrik für
Sodawasser in London. Die ersten Schweppes-Sodaflaschen
waren eiförmig und ließen sich nur liegend lagern – ein
Trick, damit der Korken stets feucht und die Kohlensäure
im Wasser blieb.

Schweppes

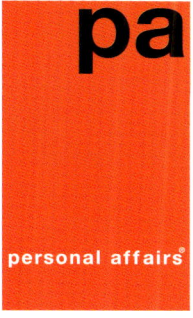

personal affairs ist ein Modelabel, daher muss das Logo in vielen Anwendungen und Größen funktionieren – vom Aufnäher in der Kleidung bis zum Postergroßformat in der Ladenausstattung.
Durch die Positionierung der pa-Wortmarke in der rechten oberen Ecke des Logos ist der Markenname auf den Anhängeschildchen stets gut im Blick.

personal affairs, texstyles, modedesign und vertriebs gmbh
Design: Rebecca Schröder, RSD

Sondis ist der technische Vertrieb der Firma Sontec, die beiden Logos wurden in Kombination gestaltet. Die technisch anmutenden Versalien füllen die Logofläche optimal aus und verstärken so den geschlossenen Labelcharakter des Logos. Die Logoform mit abgerundeten Ecken wurde in der Geschäftsausstattung als Gestaltungselement aufgenommen.

Mutterfirma

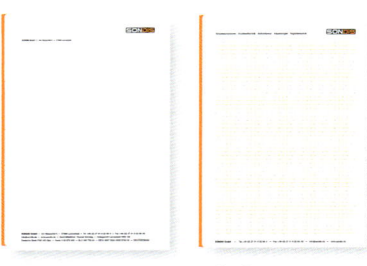

Briefbogen   *Block*

 Sondis, Sontec
Design: Maja Denzer

Der Designer Raymond Loewy wettete 1940 mit George W. Hill um 50000 Dollar, dass er die Verpackung von Hills Zigarettenmarke Lucky Strike verbessern könnte. Die Wette gewann er – das Ergebnis des Re-Designs prägt noch heute das Erscheinungsbild der Marke. Loewy änderte die ursprünglich militärisch anmutende grüne Packungsfarbe in klares Weiß. Damit wurden nicht nur Druckkosten gespart, sondern es wurde auch das Logo wirkungsvoll hervorgehoben. Das Logo an sich blieb weitgehend erhalten, Loewy passte jedoch die Proportionen der Logo-Ringe an und gestaltete die Wortmarke etwas luftiger. Der ehemalige Rückseitentext der Packung wurde auf die Schmalseiten verbannt: Das Logo erschien jetzt symmetrisch auf Vor- und Rückseite – so dass eine auf dem Tisch liegende Packung so oder so das Markenzeichen zeigte.

 As Time Goes By, S. 103

 Lucky Strike
   Design: Raymond Loewy, 1940/41

LOGO-VORSTUFEN

Wer ein neues Logo für einen Kunden entwirft, entwickelt
in der Regel eine Auswahl von Logo-Varianten, zwischen
denen sich der Kunde entscheiden kann. Hierbei kann
man als Designer verschiedene Richtungen antesten, um zu
sehen, in welche der Kunde tendiert. Ist die Entscheidung
getroffen, landet die kreative Vorarbeit für den Rest der Welt
unbesehen in der Schublade. Schade!
Daher an dieser Stelle ein Blick hinter die Kulissen am
Beispiel des AXE Anti-Hangover SPA-Logos.

*AXE anti-hangover SPA war 2003 eine Veranstaltungs-
reihe in fünf deutschen Großstädten, bei der sich – ganz
im Zeichen des belebenden Duschgels „anti-hangover"
der Marke AXE – ab 5 Uhr morgens in Spa-Bereichen
deutscher Luxushotels die erschöpften Partygänger
bei Schampus und Zigarre erholen konnten.*

*ERDEZWEI entwickelte in Kooperation mit
der Agentur megacult das Zeichen, mit dem die
Spa-Bereiche sowie Giveaways wie Bademäntel,
Badeschlappen, Geldclips usw. gebrandet wurden.
Das Logo war zentrales Element im TV-Trailer.*

★ ★ ★ ★ ★

ANTI-HANGOVER

SPA

AXE anti-hangover SPA
Design: ERDEZWEI, megacult, 2003

LOGOENTWICKLUNG VORSTUFEN

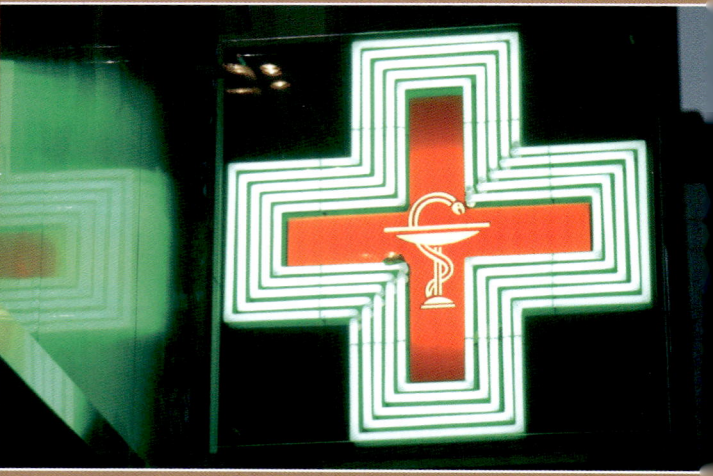

KREUZE

Ein Kreuz ist ein sehr einfaches und starkes Zeichen,
nur zwei Striche sind nötig, um es korrekt wieder-
zugeben. Das dürfte wohl auch ein Grund sein,
warum Analphabeten früher mit Kreuzchen Verträge
unterschrieben. Zwei Linien, die sich „kreuzen" – ein
Kreuz ist eine Schnittstelle, sie bildet das Zentrum
der Aufmerksamkeit. Folgerichtig dient das Kreuz
auch als Markierung: Hier liegt der Schatz und nir-
gendwo anders! Ein Kreuz kennzeichnet eine Wahl
– ganz klassisch auf dem Stimmzettel aber auch im
Alltag auf Formularen. Es ist damit ein positives
Zeichen, ein hinweisendes dazu. Ein Plus ist technisch
ebenso ein Kreuz wie das Zeichen auf dem Dach
einer Kirche. Es steht für mathematische Addition
und allgemein für Vermehrung und Gewinn.
Christen ist das Kreuz heilig, beim Bekreuzigen
berührt man den Kopf, die Herzgegend und die
Schultern – vielleicht als Sinnbild für Denken, Fühlen
und Handeln. Zugleich ist es Sinnbild des Leidens:
„Es ist ein Kreuz mit dir." In X-Form dient es auch
als Warnhinweis: Auf einer Verpackung bedeutet
es giftig, reizend, als X im Dreieck warnt es im
Straßenverkehr: „rechts vor links". Das X streicht
aber auch durch, steht für Verneinung: Das ist kein
Trinkwasser, den Rasen darf man nicht betreten.
Und wer schimpft: „Du kannst mich kreuzweise!",
benutzt das Kreuz als Verdopplung, also Verstärkung.

Das Bayerkreuz ist über 100 Jahre alt, 1904 wurde es markenrechtlich geschützt – der Designer des Logos lässt sich jedoch nicht mehr ermitteln. Die Idee, das Logo auf Tabletten einzuprägen, stammt aus dem Jahr 1910 und steigerte den Bekanntheitsgrad des Zeichens enorm. Zur Popularität des Logos trug besonders die gigantische Leuchtreklame bei, die 1933 erstmals installiert und seitdem mehrmals modernisiert wurde. Heute hat das Leverkusener Kreuz einen Durchmesser von 51 Metern, eine Buchstabenhöhe von sieben Metern und besteht aus 1710 Lampen – damit ist es das größte Warenzeichen der Welt!

 Fokus Praxis: Logos in diversen Medien, S. 126

 Bayer
Design: Claus Koch Communications, 2002

Curt Mast entwickelte 1934 das Rezept für den Kräu-
terlikör, der Name und das Hirschmotiv stammen
aus demselben Jahr. Das Bildzeichen verweist auf die
Hubertuslegende, die sich um einen Jäger rankt, der
durch das Erscheinen eines göttlichen Hirschs zur Abkehr
von der Jagd bewegt wurde. Erstaunlicherweise ist der
heilige Hubertus dennoch der Schutzheilige der Jäger.

Jägermeister
1934

Bundeswehr

Die Bildmarke der Bundeswehr zeigt das Eiserne Kreuz, ein Zeichen mit Geschichte, das im Laufe der Zeit immer wieder Veränderungen erfahren hat. Sein erster Entwurf stammt von König Friedrich Wilhelm III. 1813 führte der Baumeister K.F. Schinkel den Entwurf aus, auf seine Form beziehen sich alle folgenden Fassungen. Zunächst ausschließlich als Tapferkeitsauszeichnung gedacht, entwickelte sich das Eiserne Kreuz zum Staatssymbol. Im ersten Weltkrieg wurde es als Hoheitszeichen mehrmals grafisch vereinfacht. Die typische Form des Eisernen Kreuzes als Orden blieb jedoch in beiden Weltkriegen erhalten. Die letzte sichtbare Veränderung wurde 1956 vorgenommen. Diese Version dient der Bundeswehr seit ihrem Bestehen als Hoheitszeichen. Seit 1996 repräsentiert das Eiserne Kreuz in seiner blau-silbernen Form als Teil des Logos die Bundeswehr nach Innen und Außen.

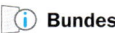 **Bundeswehr**
Design: Peter Schmidt Group, 1996

Die Nettworker Ideenboutique ist eine Werbeagentur.
Das (nette) Netzwerk wird durch ein X-förmiges, pers-
pektivisches Kreuz visualisiert. Die gedachte Schnittstelle
der Linien liegt im Zentrum des runden Buchstabens „o"
und zieht die Aufmerksamkeit auf den Schriftzug. Dieses
Kreuz kommuniziert: Hier laufen alle Fäden zusammen.

 Nettworker Ideenboutique
Design: Jörg Waschat, 1999

Die Bayerischen Motoren Werke wurden 1917 gegründet. Ursprünglich entwickelten sie Flugzeugmotoren, die Bildmarke stellt daher einen stilisierten rotierenden Propeller dar. Zugleich verweist die Farbkombination auf die bayrische Herkunft.

1917: Das Logo zeigt einen rotierenden Propeller.

BMW-Ladenlokal, 1920: Das Logo hat sich seitdem kaum verändert.

 Fokus Praxis:
Das gewisse Etwas, S. 310

#TAU SEND

Das Raute-Zeichen wird im angelsächsischen Raum als Nummern-Zeichen verwendet und ist spätestens seit der Einführung des Tastentelefons in Deutschland bekannt. Das TAUSEND-Logo steht für eine Bar mit Galerie-Einschlag. Der Zahlname wurde als sachliche Wortmarke umgesetzt, das Doppelkreuz verweist auf den numerischen Charakter.

 **#TAUSEND**
   Design: Silke Dreesbach, 2003

Das geteilte „X" klammert den Schriftzug ein und deutet eine Bewegung nach innen an. Angespielt wird hier auf das metallische Klicken beim Auslösen der Kamera. Das Logo steht für eine Gruppe von Fotografinnen und Fotografen.

 **Reflex Fotografik**
Design: Jean-Marc Rossi, 2004

migra-X ist ein Verbund von europäischen Autoren, Produzenten und Regisseuren, die in Zusammenarbeit Spielfilme zum Thema Migration erstellen. Das „X" des Namens wird im Logo grafisch wiederholt: Die Farbe Rot und die markierende X-Form wecken Aufmerksamkeit, durch die vielschichtigen Transparenzen und die unregelmäßigen Überschneidungen wirkt das Zeichen lebendig. Das Logo wird auch als Maske für Filmtrailer verwendet.

 **migra-X**
Design: Jörg Waschat, 2002

DREIFALTIGKEIT

DREIFALTIGKEIT:
THREE IS A MAGIC NUMBER

In dieser Sammlung werden Logos gezeigt, deren Gestaltung auf der Zahl Drei basiert. Während die Zwei Dualität und Gegensatz beinhaltet, wird die Drei als Mittler und Ausgleich dieser Dualität verstanden: Sie steht für Harmonie und Vollkommenheit. Diese Harmonie hat unter anderem die christliche Kirche für sich in der Dreifaltigkeit formuliert. Mathematisch hat man sich aber schon früher mit der Drei beschäftigt: Hipparchos von Nicäa (um 190 bis 125 v. Chr.) gilt als Begründer der Trigonometrie, der Messung von Dreiecken. Als trigonometrische Funktionen kennen wir Sinus, Cosinus und Tangens. Volksstämme, die keine Zahlen kennen, zählen 1, 2 und viele – denn von vielen oder einer Gruppe kann man erst ab drei Personen sprechen. Und ohne die dritte, räumliche Dimension würden wir (eben nicht) in die Röhre gucken! Die Drei wird aber auch als spannungsgeladen empfunden – emotional sind Dreiecksbeziehungen selten harmonisch, gestalterisch bringt ein Bildaufbau im Dreieck Leben in ein statisches Layout. Als „magische" Zahl kennen wir die Drei aus Märchen und Sagen: Dort gibt es drei Wünsche, drei goldene Haare und drei Brüder (wobei der dritte und jüngste am Ende stets gewinnt).

So kann man wohl in jeder Hinsicht behaupten:
Three is a magic number.

Mercedes-Benz

Der Mercedes-Benz Dreizackstern wurde ursprünglich entwickelt, um die Verkehrsmotorisierung auf dem Land, zu Wasser und in der Luft zu symbolisieren. Die Bild- und Wortmarke wurde im Laufe der Zeit grafisch modifiziert und aktualisiert.

Mercedes ist ein spanischer Frauenname und bedeutet „Gnade"; benannt ist die Automarke nach der Tochter des österreichischen Geschäftsmanns Emil Jellinek. Jellinek begann 1898 die ersten Automobile der Daimler-Motoren-Gesellschaft (DMG) zu vertreiben und meldete diese auch zu Rennveranstaltungen an. Dort trat er dann unter dem Pseudonym „Mercédès" als Fahrer an. So stand der Name zunächst nicht für die Automobilmarke, sondern nur für das Rennteam und den Fahrer. Erst später wurde Jellineks Pseudonym zur Produktbezeichnung, als er mit der DMG eine Vertriebsvereinbarung über Daimler-Wagen und -Motoren abschloss. Die Rennerfolge der Wagen verhalfen dem Namen

 Mercedes-Benz
Design: Kurt Weidemann, 1989

zu großer Bekanntheit, 1902 wurde er als Warenzeichen angemeldet. Emil Jellinek erhielt die Erlaubnis, sich fortan Jellinek-Mercedes zu nennen. „Wohl zum ersten Mal trägt der Vater den Namen seiner Tochter", kommentierte er. Die Idee des Sterns geht auf Gottlieb Daimler selbst zurück, er hatte auf einer Postkarte einen Stern über sein Haus gezeichnet: „Dieser Stern", meinte er, „wird einmal segensreich über unserem Werk aufgehen." 1909 wurde der Stern als Mercedes Markenzeichen eingetragen, zunächst in Form eines Dreizacks, später kombiniert mit einem Kreis.

Nach dem Ersten Weltkrieg schlossen sich die langjährigen Konkurrenten DMG und Benz&Cie zur Daimler-Benz AG zusammen. Das Logo wurde entsprechend geändert: Der Dreizackstern mit der Wortmarke Mercedes wurde mit dem Markennamen Benz kombiniert, dessen Lorbeerkranz beide Wörter verband.

Dem Stern blieb Mercedes immer treu, er wurde im Verlauf der Jahrzehnte immer stärker auf das Wesentliche reduziert. Das heutige Erscheinungsbild der Marke wurde von 1989 von Kurt Weidemann geprägt. Er führte das Zeichen, das zu diesem Zeitpunkt wie eine Stanzform wirkte, wieder zur ursprünglichen prismatischen Darstellung zurück. Die Proportionen des Zeichens und der eigens entwickelten Hausschrift basieren auf dem Goldenen Schnitt.

Der Name Lux 99 könnte auch für einen Club oder ein Designbüro stehen. Das Apothekenzeichen lässt aber keinen Zweifel darüber aufkommen, um welche Branche es sich handelt; dabei ist das traditionelle „A" grafisch angenehm in das moderne Gesamtbild integriert. Der Name spielt auf die Adresse, Luxemburger Str. 99, an und erfüllt damit eine für diese Branche übliche Logoanforderung: die Verortung. Die dreifache Kreisform, die Farbkombination aus Rot und Weiß sowie die reduzierte Schrift haben auf elegante Weise den erforderlichen Signalcharakter einer Apotheke.

Apotheke Lux 99
Design: ERDEZWEI, 2004

Nolan Bushnell, der Gründer der Ursprungsfirma entlehnte den Namen Atari dem japanischen Spiel „Go", wo er so viel wie „ich greife an/ ich werde gewinnen" bedeutet – ein passender Name für einen Videospiele-Hersteller! Sein erstes Spiel „Pong" entwickelte Bushnell 1972. Er baute es in einen Münzautomaten ein und stellte diesen in einer Kneipe auf. Innerhalb kürzester Zeit streikte das Gerät – wie sich herausstellte nicht aufgrund technischer Mängel, sondern weil es so oft benutzt worden war, dass der Münzkasten voll war! Die Bildmarke von Atari stand ursprünglich neben dem Schriftzug. Nach dem Kauf des Markennamens durch die Firma Infogrames erfolgte intern das Redesign und die Integration des Zeichens in die Wortmarke. Das Bildelement ist mittig im Schriftzug platziert, es ersetzt den Buchstaben „A" und bildet mit drei Streifen die Form des Vulkanbergs Fujiyama.

 ATARI

Design: Infogrames, intern

Ihren Namen verdankt die Firma ihrem Gründer: Adidas ist
die Abkürzung von Adolf (Adi) Dassler. Das Dreiblatt-Logo
entstand zu den Olympischen Spielen 1972. Das Zeichen
soll an die zweidimensionale Darstellung der Weltkugel
erinnern. Die typischen Adidas-Streifen verlaufen dabei
quer durch alle Länder, so wird der Anspruch als Weltmarke
formuliert. Heute steht das Dreiblatt-Logo für den Bereich
„Original" – Produkte für sportliche Freizeitbekleidung.
Die drei Streifen sind seit jeher zentrales Gestaltungselement der Firma Adidas. Adolf Dassler ließ sie schon1948
im Gründungsjahr der Firma als Markenzeichen schützen.
Damals handelte es sich bei diesen Streifen aber noch um
drei Riemen, durch die der Adidas-Schuh besseren Halt
bekam. Das Drei-Streifen-Design der Marke basierte also
ursprünglich auf einer Funktionsweise des Schuhs.

 Adidas Dreiblatt, Sport Heritage
Design: 1972

Legendär ist auch Adi Dasslers Entwicklung der Schraub-
stollen für Fußballschuhe, die eine Anpassung des Schuh-
werks an die Wetterlage ermöglichte. Diese Schuhe kamen
1954 beim regnerischen WM-Finalspiel erfolgreich zum
Einsatz und leisteten ihren Beitrag zum „Wunder von Bern".
Das „Sport Performance" Logo von 1996 gehört zum
Bereich „Forever Sport" und richtet sich mit seinen
Produkten an professionelle Sportler. Auch in seiner
Gestaltung ist man den drei Streifen treu geblieben.

Adidas, Sport Performance
Design: 1996

Soul Movement Cologne ist eine Housemusic-Partyreihe. Der Schriftzug ist dreidimensional umgesetzt, die dritte Zeile fällt aus der Reihe und ragt dem Betrachter entgegen. So kommt Leben und Bewegung in das Logo.

 **Soul Movement Cologne**
Design: ERDEZWEI, 2004

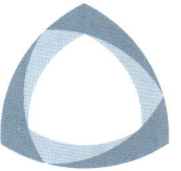

infinitemusic

Das Zeichen der infinitemusic Musikproduktion besteht aus überlagernden, nach außen gewölbten Dreiecken, wobei die Schnittmengen erneut dreieckige Flächen ergeben. Insgesamt erinnert die Form an die Unendlichkeit des Möbiusbands, was dem Namen der Marke Rechnung trägt.

 infinitemusic
    Design: Jörg Waschat, 2003

Die Bildmarke des Apollinaris-Logos besteht aus einem schlichten roten Dreieck. Das minimalistische Zeichen hat seine Herkunft in Großbritannien, dort wurden ab 1892 Produkte von hoher Qualität mit einem roten Dreieck gekennzeichnet. Apollinaris wurde ebenfalls mit diesem Gütezeichen ausgezeichnet und ließ das rote Dreieck später als Warenzeichen schützen. Auch der Schriftzug stammt aus dieser Zeit und ist bis heute nahezu unverändert.

 Apollinaris

Das Logo dieses Kosmetikstudios ist als Dreieck auf-gebaut. Die elegant schreitende Figur an der Spitze kommuniziert: Ästhetik und Schönheit steht an oberster Stelle. Der Schriftzug bildet die Basis des Dreiecks.

 **Casa Medica**
Design: ERDEZWEI, 2004

AKUSTISCHE LOGOS

Ein Soundlogo hat medienübergreifende Präsenz:
Sei es im Internet, im Radio, als Handy-Klingelton oder in
der Kino- und TV-Werbung. Bei einem wirkungsvollen
akustischen Logo wird auch in Abwesenheit des grafischen
Logos eine Markenpräsenz erzeugt. Die Palette von Sound-
Logos reicht von Geräuschen, instrumental einfachen
Melodien, gesungenen Jingles bis zu Popsongs.

Erfolgreich ist ein Logo, wenn es sich in allen Medien
gut behaupten kann: Geräusche sind eventuell schlecht
in Handy-Klangqualität umsetzbar, Popsongs ebenso.
Gesungene Jingles sind riskant. Vorteil: Sie sind sehr
einprägsam. Nachteil: Sie sind sehr einprägsam – eine
Firma wird das gesungene Logo unter Umständen nicht
mehr los. Selbst wenn die Werbung mit diesem Jingle
bereits seit Jahren nicht mehr ausgestrahlt wird, bleiben
Melodie und Text oft weiterhin beim Konsumenten
präsent. Sogar Generationen, die das akustische Logo gar
nicht erlebt haben, kennen es – nichts ist unmöglich!
Es gibt natürlich auch Klassiker, die wunderbar funktionieren und aufgrund ihres Erfolgs nicht geändert werden,
dazu gehört z.B. Haribo.

Deutsche Telekom, S. 274

Einprägsam wird ein Soundlogo vor allem durch seine musikalische Struktur. Die so genannten „Hooklines" eines Popsongs, die den Ohrwurmcharakter ausmachen, bestehen häufig nur aus wenigen Tönen. Gleiches gilt für Soundlogos. Das Soundlogo von Intel und Haribo basiert auf nur drei unterschiedlichen Tönen und das der deutschen Telekom auf nur zwei Tönen! Doch nicht nur die Anzahl der Töne ist ausschlaggebend, sondern auch die Tonintervalle. Ein Tonintervall beschreibt den relativen Abstand zwischen zwei Tönen auf der Ton-leiter, im Falle der Terz sind das zwei Tonschritte. Die Telekom- und die Haribo-Melodie basieren beide auf Terzen. Man sagt auch „Rufterz". Probieren Sie es aus, rufen Sie einmal „Ku-kuck" – es wird garantiert eine Terz!

Den Stil einer Fanfare oder Hymne erhält der Klang, wenn man auf Quarten setzt. Diese Intervalle findet man z.B. in den Erkennungsmelodien der **Star Trek**-Serien.

 Fokus Praxis: Logos in diversen Medien, S. 126

Das akustische Logo der Deutschen Telekom
– weniger ist mehr

Das Soundlogo der Deutschen Telekom basiert
auf nur zwei Tönen, c und e, aber die haben es in
sich. Klanglich lässt sich das Logo in allen Medien
verlustfrei umsetzen, es funktioniert auf einem bil-
ligen Handy genauso wie in der Kinowerbung.

Das akustische Logo ist per Animation logisch auf
das grafische Logo abgestimmt: gleiche Töne für
gleiche grafische Elemente. Mit jedem Ton blinkt
der Reihe nach eins der quadratischen „Digits" auf.
Der hervorhebende Sprung zur Terz erfolgt auf das
T, dann bewegt sich die Melodie abschließend zurück
zum letzten „Digit" auf den Ursprungston.

Musikalisch bilden die gewählten Töne eine Terz, ein
Intervall, das sich leicht nachsingen und merken lässt.

Akustische Logos, S. 272

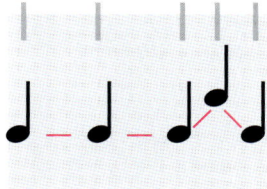

Deutsche Telekom

Das grafische Logo wurde von Interbrand
Zintzmeyer & Lux entwickelt, ebenso das Konzept
für das akustische Logo. Die Komposition selbst
stammt von Mac Hale Barone, N.Y., USA.

Unfallgefahr

Auf Markierung
achten !

BEWEGUNG

Zeichen in vermeintlich „statischen" Medien können Bewegung implizieren. Das kann über die Leserichtung geschehen, durch die illustrative oder stilisierte Darstellung einer Bewegung auf ihrem Scheitelpunkt oder über Formen wie Spiralen, Endlosschleifen, Kurven und Schwünge sowie durch richtungsweisende Elemente. Für all diese Varianten findet man in diesem Kapitel Beispiele und Erläuterungen. Logo-Animation und flexible Logostrukturen werden im Kapitel „Flexibilität" vorgestellt.

Sigh no more, ladies, sigh nor more;
Men were deceivers ever;
One foot in sea and one on shore,
To one thing constant never

William Shakespeare,
Much Ado About Nothing

Deutsche Bank

LESERICHTUNG

Das menschliche Auge bewegt sich bei der Betrachtung eines Bereichs von links nach rechts. Das gilt übrigens auch für Linkshänder sowie Angehörige von Kulturen, die von rechts nach links schreiben. Eine Diagonale von links unten nach rechts oben wird daher als Aufwärtsbewegung wahrgenommen und häufig auch als Beschleunigung interpretiert. Umgekehrt wird eine Diagonale von links oben nach rechts unten als Abwärtsbewegung verstanden oder als Verlangsamung begriffen.

Aufwärts ≠ Abwärts

 Deutsche Bank
Design: Anton Stankowski, 1972

SCHEITELPUNKT

Eine andere Form der Bewegung und Dynamik finden wir in den Bildzeichen von Warnschildern. Um auf eine Gefahrensituation hinzuweisen, wird der Scheitelpunkt einer Situation gezeigt, der so genannte „pregnant moment", der schwangere Moment: Das Auto ist im Begriff, ins Hafenbecken zu fallen (ist aber noch nicht darin gelandet). Der Wagen schleudert auf der Straße (liegt aber noch nicht im Graben). Die Abbildung der Gefahr genau am Scheitelpunkt des Geschehens hat eine stärkere Wirkung, als einfach das Ergebnis der Gefahr zu zeigen. Warum? Der Betrachter kann nicht umhin, die gezeigte Situation im Kopf fortzusetzen und zu Ende zu bringen. Dadurch wird eine starke Beteiligung erzeugt. Diese Technik wird auch im Film eingesetzt: Spannende Gruselfilme zeigen oft gar nicht die Ausführung der Handlung in letzter Konsequenz, sondern nur deren Andeutung – so geschieht das Schlimmste im Kopf des Betrachters. Wie dieses Prinzip auch unblutig und positiv eingesetzt werden kann, sieht man auf den nächsten Seiten.

Abbildung der Gefahr genau am Scheitelpunkt des Geschehens

Die stilisierte Tür der Bildmarke ist weder ganz offen noch ist sie geschlossen – sie befindet sich genau auf dem Scheitelpunkt der Bewegung. Was dahinter liegt, ist noch nicht zu sehen und bleibt der Vorstellung des Betrachters überlassen. Es liegt bei ihm, die Tür (gedanklich) vollständig zu öffnen. Der Effekt ist Neugierde und Beteiligung, passend zum Produkt für das die Wort-Bildmarke steht: ein Magazin für Studien- und Berufsanfänger, das über Ausbildungsformen und Studiengänge informiert.

 **Einstieg Abi**
Design: Michael Herling für dreiplus design, 2001

Wem juckt es da nicht in den Fingern, an der Ecke zu knibbeln und den Klebestreifen abzuziehen? Der Betrachter vollendet gedanklich das Ablösen des Streifens. So erhöht sich die Merkfähigkeit, gleichzeitig wird perfekt auf das zugehörige Produkt angespielt. Durch die Positionierung am Ende der Leserichtung lenkt die abgehobene Ecke den Blick zurück zum Anfang der Wortmarke.

Tesa ist eine Marke der Firma Beiersdorf. Der berühmte Klebefilm verdankt seinen Namen der Sekretärin El**sa Te**smer, die bis 1908 bei Beiersdorf tätig war. Zunächst jedoch diente Tesa als Name für eine Zahnpastatube, danach für eine neue Würstchenumhüllung. Erst ab 1936 taufte man den Klebestreifen Tesa und schuf damit eine Marke, die heute stellvertretend für eine ganze Produktart steht.

 tesa, Beiersdorf

Gleich bricht sich die Welle (aber noch nicht)!
Mit einem Fuß am Strand, mit dem ande-
ren schon auf dem Board.

Radical Customboards ist ein Hersteller für Windsurf-,
Surf- & Kiteboards. Für die verschiedenen Disziplinen
(Windsurfing, Surfing, Kiting) wurde ein Gesamterschei-
nungsbild entwickelt. Die feste Bildmarke für alle Bereiche
ist die piktografische Darstellung des Insider-Zeichens dieser
Sportarten (Hangloose-Gruß). Der jeweilige Zusatz als
„Scherenschnitt" macht die jeweilige Sportart erkennbar.

 **Radical Customboards**
Design: Sebastian Dörken, 2004

Venga Surf ist eine Surfschule auf Fuerte Ventura. Der Schriftzug wurde auf Basis eines Freefonts von House Industries gestaltet.

SPIRALEN

Die Spirale ist eine Kurve, die um einen zentralen Punkt verläuft. Dabei nähert sie sich diesem immer weiter an bzw. entfernt sich immer stärker von ihm. Die Spirale ist in Bewegung. Diese Bewegung verläuft nach innen schneller und nach außen langsamer. Spiralförmiges findet man in der Natur im Großen wie im ganz Kleinen: von Galaxien und Spiralnebeln über Windhosen, Wasserwirbel, Tannenzapfen, Schneckenhäuser bis hin zu DNS-Molekülen.

 **Venga Surf**
Design: Christopher Ledwig, F1RSTDESIGN, 2004

PFEILE

Pfeile sind richtungsweisende Zeichen. Sie selbst haben meist keine Bedeutung, sie sind nur Mittler, die auf das Ziel oder den Gegenstand hinweisen; Bedeutung erhalten sie erst aus dem Zusammenhang.

Ein Pfeil muss nicht auf einen Gegenstand deuten, er kann auch lediglich eine Richtung angeben oder zu einer Richtungsänderung auffordern.

Eine Bewegung von links nach rechts wird häufig als hereinkommend und fortlaufend, eine Bewegung von rechts nach links als zurückgehend gelesen, basierend auf der Erfahrung der Leserichtung. Ein Pfeil nach oben bedeutet je nach Zusammenhang geradeaus oder aufwärts, ein Pfeil nach unten abwärts oder (geradeaus) zurück.

Richtungsweisende Elemente in einem Logo können eine dynamische Wirkung haben. Dabei muss überprüft werden, in welchem Umfeld das Logo später gezeigt wird: Wie wirkt das Logo spiegelbildlich? Wird es häufig auf wegweisenden Schildern auftauchen (und dort für Richtungsverwirrung sorgen)? Zeigt ein Pfeil im örtlichen Zusammenhang auf etwas Unerwünschtes?

Der Pfeil als Hinweis

Vorentwürfe des heutigen Logos.
Man spielte zunächst mit den Initialen,
konzentrierte sich schließlich auf das
reine Pfeil- und Schienen-Motiv.

Das Logo nach dem Zweiten
Weltkrieg; Design: Jan de Haan

Die erste Bildmarke der
Nederlandse Spoorwegen

 Deutsche Bahn, S. 190

 NS, Niederländische Eisenbahngesellschaft
Designer: Tel Design, Gert Dumbar, 1968

Die niederländische Eisenbahngesellschaft „Nederlandse Spoorwegen" (NS) wurde 1937 gegründet. Die allererste Bildmarke des Unternehmens war die Abbildung eines Wagenrads, das von den Flügeln des Handels- und Verkehrsgottes Mercurius flankiert wurde. Nach dem Zweiten Weltkrieg entstand eine stilisierte Version des geflügelten Rads in den Farben der niederländischen Flagge. Diese Bildmarke wurde jedoch nur für grafische Zwecke eingesetzt, die Züge selbst verwendeten weiterhin das ursprüngliche geflügelte Rad. 1968 wurde schließlich ein Wettbewerb ausgeschrieben, um ein umfassend neues Erscheinungsbild zu erstellen. Das Haager Büro Tel Design gewann; der Designer Gert Dumbar entwarf das heute bekannte Logo.

Formulierte Anforderungen an das Logo:
· Die Ausstrahlung muss modern, männlich, nicht amtlich, dynamisch und akkurat sein.
· Es darf bei Geschwindigkeit nicht verzerrt werden und muss auch auf Abstand noch gut lesbar bleiben.
· Man muss es (fotografisch) vergrößern und verkleinern können.
· Das Logo muss in Farbe, als Kontur in Plastik gestanzt, als Metallrelief, als Durchschlagschablone und in Textil umsetzbar sein.

Der Pfeilentwurf der Nederlandse Spoorwegen symbolisiert zwei Schienen ohne Schwellen, jedoch mit Kurven und Weichen. Zwei Pfeile deuten die Zugreise an, den Gedanken an Abreise und Wiederkehr, ein Transport in zwei Richtungen in einem geschlossenen Kreislauf.

Die Großeltern des Firmengründers André Citroën lebten in Holland und waren Fruchthändler. Bei der Volkszählung 1811 erhielt jeder Einwohner einen Nachnamen, Andrés Urgroßvater Roelof nannte sich Limoenmann (der Mann mit den kleinen Zitronen), da er hauptsächlich Limetten verkaufte. Die Familie änderte ihren Namen später von Limoenmann in Citroen. Der Name bedeutet Zitrone und wird im niederländischen ohne Trema geschrieben. Die Citroens wanderten nach Polen und Frankreich aus, André Citroen wurde in Paris geboren. Erst bei der Schulanmeldung von André Citroën im Jahr 1885 erhielt das „e" sein Trema und damit der Name seine heute bekannte Schreibweise. Nachdem André Citroën in der Firma seines Onkels in Warschau das Prinzip der Winkelverzahnung kennen gelernt hatte, erwarb er das russische Patent für eine Maschine, die Verzahnungen in Form von Doppelwinkeln herstellt. 1902 gründete er in Frankreich eine Getriebewerkstatt und 1919 das Unternehmen „Automobiles Citroën".

Das Logo des Autoherstellers Citroën entstand im gleichen Jahr und soll vom Firmengründer selbst stammen. Seitdem wurde es immer wieder überarbeitet, das grundlegende Bildelement ist jedoch dasselbe geblieben: Die beiden nach oben gerichteten pfeil-ähnlichen Elemente stellen die Winkelverzahnung von Zahnrädern dar. Die patentierte Winkelverzahnung arbeitet besonders geräuscharm und reibungslos.

 Citroën
Design Bildmarke: vermutlich André Citroën, 1919

ENDLOSSCHLEIFE: MÖBIUSBAND

Eine Möbiusband ist eine zweidimensionale Fläche, die
nur eine Seite hat. Benannt wurde es nach dem Leip-
ziger Mathematiker und Astronomen August Ferdinand
Möbius, der das Band als Erster beschrieben hat.
Man kann ein Möbiusband ganz leicht selbst herstellen.
Man nehme einen längeren Streifen Papier und klebe
die Enden zu einem Ring zusammen – wichtig: Vor dem
Zusammenkleben verdreht man das eine Streifenende
um 180°. Versuchen Sie dann einmal, nur eine der
vermeintlichen zwei Seiten anzumalen. Das wird nicht
funktionieren, Sie werden immer die gesamte Schleife
einfärben, da sie nur eine einzige Seite hat! Dieses
Phänomen steht gänzlich gegen alle unsere räumlichen
Erfahrungen, daher können solche Bänder und allgemein optische Täuschungen unser Auge lange fesseln.

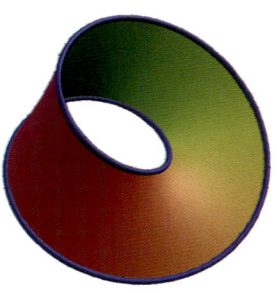

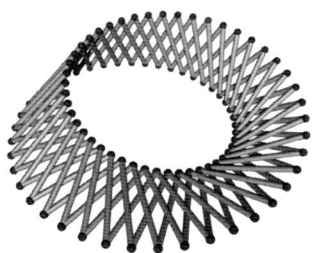

RENAULT

Das erste Automobil-Logo von Renault stammt aus dem Jahr 1923 und hatte eine runde Form. Von dieser verabschiedete man sich jedoch schnell, da sie sich schlecht in das kubistisch inspirierte Fahrzeugdesign der 20er Jahre einpasste: Schon 1925 erschien der 40 CV mit dem neuen Rhombus-Emblem, das 1959 nochmal überarbeitet wurde. 1972 entstand dann das bekannte Renault-Zeichen nach dem Entwurf von Victor Vasarely. Dieser Künstler war Mitbegründer der „Op Art", entsprechend entwarf er ein zweidimensionales Zeichen mit optisch räumlicher Wirkung

– ein Möbiusband. Sein Entwurf diente der Marke Renault 20 Jahre als Logo. Die heutige Fassung des Logos basiert weiterhin auf dem Zeichen Vasarelys. Sie entstand schon 1992 und war damit Vorläufer des Trends, Logos in die Dreidimensionalität zu übertragen.

1972-1992

 Renault
Design: Victor Vasarely, 1972

WOOLMARK

Ob es sich beim Woolmark-Logo um eine Endlosschleife oder ein stilisiertes Wollknäuel oder beides handelt, darüber lässt sich streiten. Fesselnd ist der Anblick so oder so.

Das Logo der Woolmark Company (ursprünglich: IWS) wurde 1964 vom italienischen Designer Francesco Saroglio entworfen. Sein Entwurf wurde aus 86 eingereichten Entwürfen ausgewählt. Ziel war es, die international unterschiedlichen Zeichen der weltweit agierenden Organisation durch ein eingängiges Logo zu ersetzen und auf diese Weise eine global einheitliche Identität zu schaffen. Das Logo steht seitdem als Zeichen für Qualität von Wolltextilien. Es wird von 77 Prozent der weltweiten Konsumenten wiedererkannt und dürfte damit eines der bekanntesten Logos der Welt sein.

 **The Woolmark Company**
Design: Francesco Saroglio, 1964

Der „Swoosh" der Sportswear-Firma Nike erinnert an eine perspektivisch gekrümmte Kurve. Der schwungvolle Charakter wird durch die asymmetrische Gewichtung verstärkt.

Der Gründer Phil Knight wollte ein Logo, das Bewegung impliziert. Das ursprüngliche Nike-Logo wurde daraufhin 1971 von Carol Davidson entworfen. Sie war gerade frisch diplomiert und ihr Honorar für das Logo betrug ganze 35$. Das ist zum Glück nicht der gängige Tarif und auch für Carolyn Davidson blieb es nicht dabei:
1983 wurde sie vom Nike-Team zu einem kleinen Fest eingeladen, bei dem sie einen goldenen, mit Diamanten besetzten Swoosh-Ring und obendrauf einen Umschlag mit Nike-Aktien erhielt. Das ist selbstverständlich auch nicht der gängige Tarif für ein Logo – aber vielleicht kann man sich ja irgendwo dazwischen einigen …

 Nike
Design: Carolyn Davidson, 1971

Die Bewegung steckt hier im Namen (Flexibilität) wie im Bildzeichen. Die gebogenen Streifen und die zusammengepresste Schrift scheinen unter Spannung zu stehen und wirken, als ob sie jederzeit in ihre Ausgangsposition zurückfedern könnten. Die Biegung kann auch perspektivisch verstanden werden, der Schriftzug stünde dann in einer Kurve, die blauen Flächen oben und unten bilden in diesem Fall das Dach und den Boden eines stilisierten Raumes.

 FLEX, Roller Coaster-Kickboards
Design: Christopher Ledwig, F1RSTDESIGN, 2001

Die Wellen im Logo des Drum'n Bass-Projekts visualisieren den Schall.

WELLEN

Wellen sind Bewegung. Wirft man einen Stein ins Wasser, breiten sich die Wellen kreisförmig um diesen herum aus. Der Abstand der Wellenkreise ist beim Ausgangspunkt noch eng und wird mit der Entfernung immer weiter. Das Gleiche gilt für Schallwellen.

 Garbo
Design: Carsten Bäumer, Design Guerilla

BEWEGUNG UND ZEIT

Bewegung beinhaltet immer auch eine zeitliche Dimension. So interpretiert man unterschiedliche Abstände von Objekten auch als zeitlichen Abstand. Diese Wahrnehmung wird zum Beispiel in der Comic-Erzählform ausgenutzt: Je größer der Abstand zwischen den einzelnen Erzählbildern (Panels), desto größer wird der zeitliche Abstand zwischen dem jeweils erzählten Inhalt empfunden.

KLAUS HESSE

Was ist Ihr Lieblingslogo?
Walt Disney

Was inspiriert Sie?
Pina Bausch, AR Penck, Nick Cave, Rem Koolhaas …

Was war Ihr erstes Logo?
Mein erstes Logo habe ich für eine Band entworfen, in der ich auch Mitglied war. Musik und Logo waren eine Zumutung und haben Gott sei Dank keine besondere Verbreitung gefunden.

Was ist ein absolutes Tabu bei Logos?
Formale Tabus sind tabu. Zynismus ist tabu.

Was ist ein Muss bei Logos?
1. Seele (für das Publikum)
2. Inspiration (für die Auftraggeber)
3. Merk-würdig (für alle)

Was beschäftigt Sie gerade?
Mein Sohn.

Was Sie immer schon zum Thema Logos sagen wollten:
Logos lügen nie.

(i) Klaus Hesse ist seit 1988 Mitinhaber von Hesse Design. Seit 1999 lehrt er Konzeptionelle Gestaltung an der Kunsthochschule HfG Offenbach.

Das ist nicht das Offizielle Emblem der FIFA Fussball-Weltmeisterschaft 2006 [TM], sondern ein alternativer Entwurf von Hesse Design. Das Offizielle Emblem wurde in der Presse heiß diskutiert, weshalb eine Reihe von Designern nachträglich eigene Logovorschläge entwarfen. Der Entwurf thematisiert Fußball und Emotionen, nimmt sich aber die Freiheit, nicht wie angefordert, den FIFA WM-Pokal im Logo abzubilden.

 Offizielles Emblem S. 21

DESIGN-MANUAL /GESTALTUNGSRICHTLINIEN

Ein Logo ist nur ein Teil im gesamten Erscheinungsbild.
Manche behaupten, es sei der wichtigste Teil, andere,
es sei nur das Tüpfelchen auf dem i – darüber lässt sich
streiten. Wichtig ist, dass ein Gesamterscheinungsbild
geplant wird und dieses sich durchgängig in allen Medien
und Umsetzungen widerspiegelt. Eine konsequente
visuelle Sprache sorgt für Wiedererkennung. Hierfür
werden Gestaltungsrichtlinien in einem so genannten
Design-Manual festgehalten. Das Design-Manual der
Fluggesellschaft Germanwings hat z.B. 60 Seiten: Alle
Anwendungsbereiche werden hier durchgespielt und die
jeweilige Farbe, Typografie, Maße, Proportion und Positionierung festgelegt. In welchem Verhältnis und welcher
Proportion steht das Logo zu den übrigen grafischen
Elementen? Wie darf es wann und wo eingesetzt werden?
Anhand eines guten Design-Manuals können interne
Mitarbeiter oder externe Agenturen das Corporate Design
sicher umsetzen, so dass ein durchgängiges Erscheinungsbild
gewährleistet ist. Ein Design-Manual bietet so Unabhän-
gigkeit vom gestalterischen Urheber. Es ermöglicht zudem
eine zügige grafische Umsetzung, denn es muss und **darf**
nicht jede Design-Entscheidung neu getroffen werden.
Rechts sehen Sie einige Beispiele aus dem Design-Manual
von Germanwings.

germanwings

Fly high, pay low.

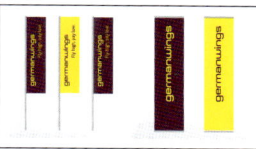

Germanwings

Design: Peter Schmidt Group

LOGOFAMILIEN

Herausforderung bei der Gestaltung einer Logofamilie ist, Gemeinsamkeit und zugleich Differenz zu kommunizieren: „Diese Produkte einer Marke gehören zusammen, aber sie sind unterschiedlicher Natur". Oder: „Diese Firma bietet verschiedene Dienstleistungen unter einem Dach, die aber eigenständige Bereiche bilden."

Wichtig ist, dass bei der Gestaltung einer Logofamilie ein gemeinsamer Kern erhalten bleibt, anhand dessen einzelne Logos als „Familienmitglieder" identifiziert werden können.

Mindestens einer der folgenden Aspekte muss sich ändern, um eine Unterscheidung zu erreichen: der Name der Wortmarke, die Typografie der Wortmarke, die Farbgebung von Wort- und/oder Bildmarke oder das Motiv der Bildmarke.

Variiert immer nur ein Teil der Wortmarke, kann dieser gestalterisch hervorgehoben werden, um die Änderung visuell zu unterstützen.

MASSIVE

ULTRASTARK

GLANZ

LOCKEN

EXTRA STARK

Shockwaves ist eine Serie von Haarstyling-Produkten, wie man unschwer an den haarig aufgemachten Bildmarken erkennen kann. Die unterschiedlichen Logos kommunizieren die jeweilige Produktkategorie. Die Wortmarke bleibt dabei dieselbe, nur die Bildmarke ändert sich in Farbe und Form.

Die Bildzeichen basieren auf demselben gestalterischen Prinzip: die skizzenhafte Illustration verschiedener Haarstyles in schwarzer Farbe und die dezente Unterlegung durch eine unterscheidende Farbe.

Das „MASSIVE"-Logo ist Logo einer Produktkategorie, wird aber auch als Mutterlogo in der allgemeinen Markenkommunikation eingesetzt.

Shockwaves, Wella

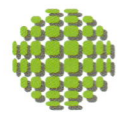

Die Ethik Vermögensverwaltung bietet ökologisch und sozial verantwortliche Anlageformen. Für die unterschiedlichen Anlagenbereiche wurden eigene Logos entwickelt, deren Bildmarken auf einem gemeinsamen Gestaltungsraster basieren.

Das Raster gibt dem Erscheinungsbild einen nüchternen, modernen Charakter. Die Farbe Grün und der stilisierte Globus als Hauptbildmarke weisen auf den ökologischen Hintergrund der Firma hin.

Raster als Grundlage

Alle Zeichen basieren auf demselben Raster.

Ethik Vermögensverwaltung AG
Design: Robert Schwermer, 2003

edatunited vereint unter einem Dach IT-Dienstleister-firmen für unterschiedliche Sparten. Das Unternehmen und seine Tochterfirmen werden durch ein gemeinsames Erscheinungsbild repräsentiert.

Die Logos sind auf einen Blick als Familie erkennbar. Sie unterscheiden sich nur durch die Farbgebung und die verschiedenen Namen. Gemeinsam ist ihnen der erste Teil der Wortmarke: edata. Der zweite Teil definiert sprachlich die Art der Sparte und wird typografisch durch einen fetteren Schriftschnitt hervorgehoben. Die Bildmarke hebt den ersten Buchstaben hervor – das „e" als Sinnbild für elektronische Kommunikation.

Die neutrale Farbgebung des Mutterlogos steht im Gegensatz zu den kräftigen Farben der restlichen Logofamilie. So wird der übergeordnete Status des Zeichens kommuniziert.

 **edatununited**
Design: ERDEZWEI, Koehler & Jansen GmbH Werbeagentur

DAS GEWISSE ETWAS

Ein Stern auf der Kühlerhaube macht eine Ente noch
lange nicht zum Mercedes – eine Marke ist eben mehr
als ihr Logo!

Viele Produkte haben jenseits des Logos noch weitere starke
Identifikationsmerkmale – das gewisse Etwas, das sie sofort
als das Produkt einer bestimmten Marke erkennbar werden
lässt. Dies gilt jedoch nicht nur für Produkte. Ein gutes
Gesamterscheinungsbild sollte im besten Fall auch ohne Logo
als das eines bestimmten Unternehmens erkennbar sein.

Manche Marken haben bestimmte Farben für sich belegt
(Coca-Cola), andere bestimmte Bildwelten (Marlboro),
wieder andere spielen auf ein typisches Gestaltungsmerkmal
ihres Produkts an.

Die beiden folgenden Werbekampagnen spielen mit
dem gewissen Etwas, das die Produkte auszeichnet:
BMW und die typische Kühlergrillform („Niere"),
Absolut Vodka und die klare Flaschenform, die eindeutig die schwedische Marke repräsentiert.

BMW, S. 256

Der BMW X5 4.6is

*„Pferdestärken" – so sieht es also bei BMW unter
der Motorhaube aus! Die Kampagne wurde von der
Jung von Matt/Alster Werbeagentur entwickelt.*

*Die Kühlergrill-Niere hat Tradition bei BMW. Links der 6er
BMW aus dem Jahr 2003, rechts der BMW 501 von 1952.*

Die Kampagne von Absolut Vodka wirbt mit der klaren Flaschenform des Produkts – oben ganz eindeutig, gegenüber etwas subtiler.

Die Wiedererkennung der Marke wird durch die Verwendung des Worts „Absolut" im Werbetext und den Einsatz der Logo-Typografie unterstützt.

Absolut Vodka, S. 192

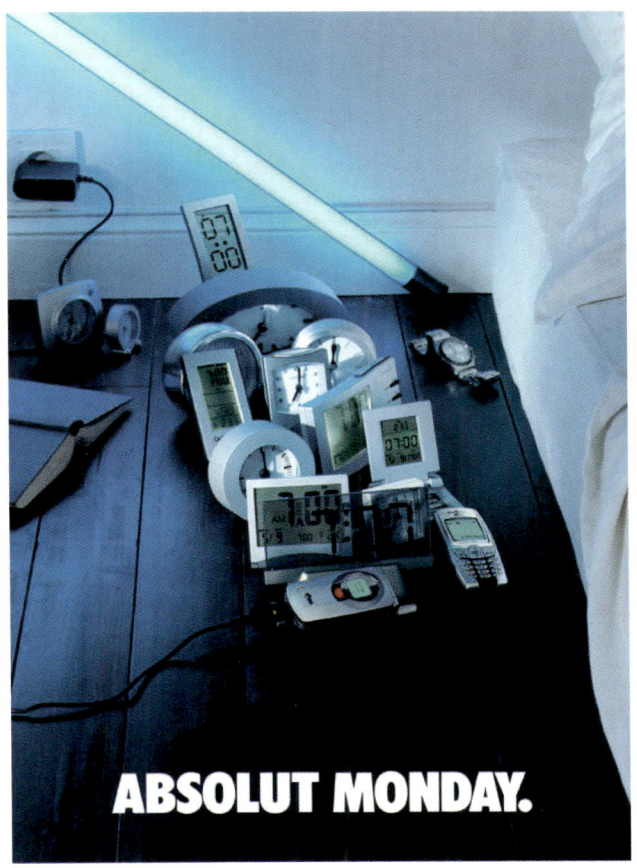

Lacoste, S. 116

Original ...

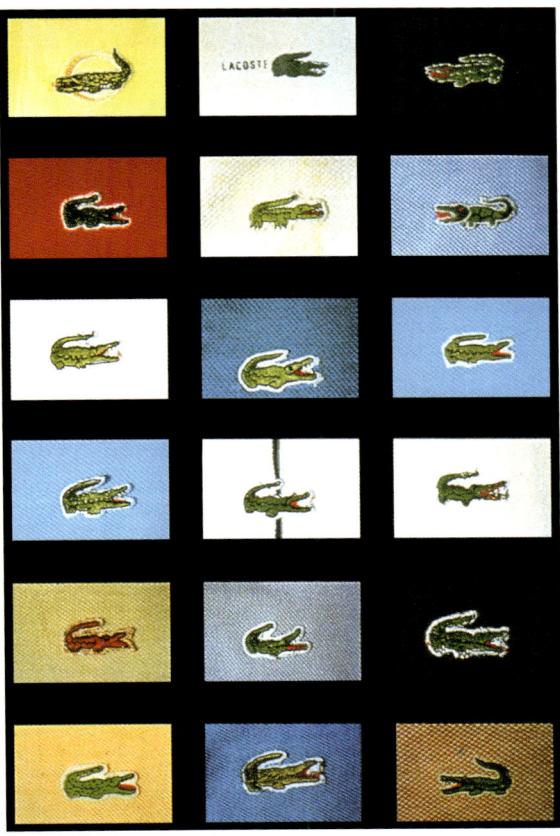

... und Fälschung

ALPHABETISCHER INDEX

ALPHABETISCHER INDEX

SCHNURSTRACKS |
www.schnurstracks.de
SCHWEPPES | www.schweppes.de
SECRET SERVICE |
www.discogalaxy.com
SHELL | www.shell.de
SHOCKWAVES |
www.shockwaves.de
SINNSALON | www.sinnsalon.de
SKIA | www.skia.de
SONDIS, SONTEC | www.sondis.de
SOUL MOVEMENT COLOGNE |
www.soulmovementcologne.de
SPAR | www.spar.de
STUSSY | www.stussy.com
#TAUSEND | www.soupculture.de
TERRIFY | www.hol-dir-den-kick.de
TESA | www.tesa.de
THE WOOLMARK COMPANY |
www.woolmark.com
TIEFENRAUSCH |
www.tiefenrausch.tv
TUI | www.tui.de
TUPPERWARE | www.tupperware.de
VARTA | www.varta.de
VIVA | www.viva.tv
VOLKSWAGEN | www.volkswagen.de
VORPOMMERN |
www.entdecke-vorpommern.de
WAIKIKI BEACH |
www.waikiki.inbrand.de
YOGA-E.V. | www.yoga-ev.de
ZDF | www.zdf.de